基本　海事法規

福 井　　淡 原著
淺 木 健 司 改訂

海　文　堂

はしがき

——新訂13版に当たって——

本書は，三級，四級，五級，六級又は船橋当直三級の各海技士（航海）の免許を受けようとする人を主な対象として，海技士国家試験（海技試験）の「法規に関する科目」のうち，「航海法規」（海上衝突予防法・海上交通安全法・港則法）を除き，「海事法規」と呼ばれている次の法令について，主な条文を掲げ，分かりやすく，かつ簡潔に要点を述べたものです。

したがって，これらの人だけでなく，その他の海技士又は小型船舶操縦士を目指す受験者や船舶の運航に携わっている多くの実務者にも利便だと思っています。

① 船員法（命令を含む。）
② 船舶職員及び小型船舶操縦者法及び海難審判法（ 〃 ）
③ 船舶法，船舶のトン数の測度に関する法律及び船舶安全法（ 〃 ）
④ 海洋汚染等及び海上災害の防止に関する法律（ 〃 ）
⑤ 検疫法（ 〃 ）
⑥ 水先法（ 〃 ）
⑦ 関税法
⑧ 海商法
⑨ 国際公法

1．これらの試験科目の細目並びに試験範囲及び試験方式（筆記試験，口述試験など）は，iii～ivページに一覧表として掲げ，また各編（法令ごと）の最初のページ下欄にも掲げて，効率よく自分の目指すコースの勉学ができるように配慮してあります。

2．「海事法規」の法令は，広範かつ多岐にわたり，隅々まで覚えることは至難でありますが，①筆記試験が課せられる法令については，主要な問題に対して答えのポイントがすらすら出てくるように努力が必要です。また，②口述試験（所定の法令集の持込みが認められる。）が課せられる法令については，それぞれの法令の目的・趣旨をよく把握し，辞書のように法令集になじむことが大事です。法令集は，見出し・関係条文が速く引けるように練習を重ねて下さい。

3．この度の改訂においては，前の版以降において関係法令にかなり大幅な改正がありましたので，それに即応した新しい内容に書き改めました。

4．最近の海技試験問題などを練習問題として豊富に収め，ヒントを見れば正解が分かるようにしてあります。

5．本書は，実務においても，船舶の安全な運航，貨物の完全輸送，船舶設備の整備，海洋汚染等の防止などに関して重要な法令のポイントを調べるため，船舶に備え付けられると便利だと思っています。

　併せて，簡潔な海事六法（例：海文堂）を備え，法令の調べに活用されることは，船務の遂行に有意義です。

6．航海法規（海上衝突予防法・海上交通安全法・港則法）については，本書の姉妹書である『基本航海法規』（海文堂発行）に解説してあります。

最後に，本書が「海事法規」を勉学するのにお役に立ち，海技試験（筆記・口述）の受験対策及び船舶の安全運航の一助となれば，著者の喜びこれに過ぎるものはありません。

令和２年４月１日

著　者

海技士国家試験（海技試験）
学科試験科目の細目並びに試験範囲及び試験方式の一覧表（海事法規）

「海事法規」の試験科目の細目について，三級，四級，五級，六級及び船橋当直三級（以下「当直三級」と略す。）の試験範囲及び試験方式を示すと，次の一覧表のとおりである。

(1) 一覧表の記号の意味は，次のとおりである。

① **○印**：筆記試験と口述試験の両方が課せられるもの。

② **※印**：口述試験のみが課せられ，筆記試験には出題されないもの。

③ **斜線**：当該級の試験の範囲でないことを示す。

(2) 六級の筆記試験は，**「四者択一」**の形式で出題されており，解答例 4 つの中から正解を 1 つ選ぶ。乗船履歴を満たしていない六級受験者については，口述試験も課せられる。

(3) 法規の口述試験には，所定の法令集（例えば，海文堂の「海事六法」）に限って持込みが認められる。（ただし，海上交通に関する法令を除く。）

編	試験科目の細目	試験範囲及び試験方式				
		三級	四級	五級	六級	当直三級
1	**船員法**及び同法施行規則	○	○	○	○	○
	船員労働安全衛生規則	○	○	○	○	○
2	**船舶職員及び小型船舶操縦者法**並びに同法施行令及び同法施行規則	※	※	※	○	※
3	**海難審判法**	※	※	※	○	※
4	**船舶法**及び同法施行細則	※	※	※	○	※
5	**船舶のトン数の測度に関する法律**	※	／	／	／	／
6	**船舶安全法**及び同法施行規則	※	※	※	○	※
	船舶設備規程	※	／	／	／	／
	船舶消防設備規則	※	／	／	／	※
	危険物船舶運送及び貯蔵規則	※	※	※	○	※
	海上における人命の安全のための国際条約等による証書に関する省令	※	※	※	／	／
	漁船特殊規則	※	※	※	○	／

編	試験科目の細目	試験範囲及び試験方式				
		三級	四級	五級	六級	当直三級
7	**海洋汚染等及び海上災害の防止に関する法律**並びに同法律施行令及び同法律施行規則	○	○	○	○	○
8	**検疫法**及び同法施行規則	※	※	※	○	※
9	**水先法**及び同法施行令	※				
10	**関税法**	※				
11	**海商法**　商法第 3 編海商（海上保険を除く。）	※				
	国際海上物品運送法	※				
	船舶所有者等の責任の制限に関する法律（手続規定を除く。）	※				
	船舶油濁等損害賠償保障法（手続規定を除く。）	※				
12	**国際公法**　SOLAS条約（概要）	※	※	※		※
	STCW条約（概要）	※	※	※		※
	国際保健規則（概要）	※				
	船舶による汚染の防止のための国際条約（概要）	※	※	※		※
	国際海上危険物規程（概要）	※				
	国際海上固体ばら積み貨物規則（概要）	※				

目　　次

第１編　船　員　法

第２編　船舶職員及び小型船舶操縦者法

第３編　海難審判法

第４編　船　舶　法

第５編　船舶のトン数の測度に関する法律

第６編　船舶安全法

第７編　海洋汚染等及び海上災害の防止に関する法律

第８編　検　疫　法

第９編　水　先　法

第10編　関　税　法

第11編　海　商　法

第12編　国 際 公 法

第1編　船　　員　　法

船員法及び同法施行規則

第1章　総　則

§1-1　船員法の目的

船員法は，船員の労働条件，船長の職務及び権限，紀律，技術基準等を定め，もって人命及び船舶の安全を図ることを目的としている。

これらの規定を定めたのは，次の理由による。

1. 海上労働が陸上労働（労働基準法の適用）と異なる特殊性を有していることから，労働基準法に準じて船員の人権を尊重し，その労働を保護する必要がある。
2. 船員や旅客が海上の危険にさらされ陸から孤立した船舶で一つの運命共同体を形成していることから，船内の秩序を維持し，船舶の安全を確保する必要がある。
3. 人命及び財産の安全の増進並びに海洋環境の保護を目的とする「船員の訓練及び資格証明並びに当直の基準に関する国際条約（1995年改正等を含む。)」(STCW条約）の国内実施を図るため，同条約に定める知識・技能に関する国際基準（船舶職員及び小型船舶操縦者法に関するものを除く。）を本法に取り入れる必要がある。
4. 技術革新に伴う船員制度の近代化に対処する。
5. 女子差別撤廃条約（男女平等の原則）を本法に取り入れる必要がある。
6. 「2006年の海上の労働に関する条約」(海上労働条約）に定められた船員の労働条件を本法に取り入れる必要がある。

〔**注**〕 ILO（国際労働機関）で制定された船員に関する既存の条約を整理・統合するとともに，労働条件を改善するため，国際的な統一基準として船員の労働条件を定めた海上労働条約（MLC）が平成25年 8 月に発効した。わが国も同

【試験細目】

三級，四級，五級，船橋当直三級	船員法及び同法施行規則	筆記・口述
六級	同上	筆記・(口述)

条約を批准しており，本法の規定もそれに合わせて改正された。

§1-2　船　員（第1条～第3条）

（1）「船員」とは，日本船舶又は日本船舶以外の国土交通省令で定める船舶に乗り組む船長及び海員並びに予備船員をいう。（**備考**　参照）

なお，総トン数5トン未満の船舶等，一定の船舶は除かれる。（第1条）

（2）「海員」とは，船内で使用される船長以外の乗組員で，労働の対償として給料その他の報酬を支払われる者をいう。

「予備船員」とは，船員法の適用を受ける船舶に乗り組むため雇用されている者で船内で使用されていないものをいう。（第2条）

（3）「職員」とは，航海士，機関長，機関士，通信長，通信士及び国土交通省令で定めるその他の海員（①運航士，②事務長・事務員，③医師，④その他航海士，機関士又は通信士と同等の待遇を受ける者）をいう。

（4）「部員」とは，職員以外の海員をいう。（第3条）

（備考）　船員の分類

<table>
<tr><td rowspan="4">船員</td><td rowspan="3">船内で使用されている者</td><td colspan="3">船長</td></tr>
<tr><td rowspan="2">海員</td><td>職員</td><td>航海士，機関長，機関士，通信長，通信士，運航士，事務長，事務員，医師，その他航海士・機関士・通信士と同等の待遇を受ける者</td></tr>
<tr><td>部員</td><td>職員以外の海員</td></tr>
<tr><td>船内で使用されていない者</td><td colspan="3">予備船員</td></tr>
</table>

〔**注**〕　第4条（給料及び労働時間），第5条（船舶所有者に関する規定の適用）及び第6条（労働基準法の適用）については，条文参照。

第2章　船長の職務及び権限

§1-3　指揮命令権（第7条）

船長は，海員を指揮監督し，かつ，船内にある者に対して自己の職務を行うのに必要な命令をすることができる。（第7条）

この規定は，船長が船舶運航の最高責任者として船舶の安全運航を期さなければならないので，海員を指揮監督し，かつ海員のみならず旅客などを含めて船内にある者に船長の職務を行うのに必要な命令をする権限を船長に与えたものである。

§1-4　発航前の検査（第8条）

船長は，国土交通省令（船員法施行規則）の定めるところにより，発航前に船舶が航海に支障がないかどうか，その他航海に必要な準備が整っているかどうかを検査しなければならない。（第8条）

国土交通省令による検査事項は，次のとおりである。（則第2条の2）

1. 船体，機関及び排水設備，操舵設備，係船設備，揚錨設備，救命設備，無線設備，その他の設備が整備されていること。
2. 積載物の積付けが船舶の安定性をそこなう状況にないこと。
3. 喫水の状況から判断して船舶の安全性が保たれていること。
4. 燃料，食料，清水，医薬品，船用品その他の航海に必要な物品が積み込まれていること。
5. 水路図誌その他の航海に必要な図誌が整備されていること。
6. 気象通報，水路通報その他の航海に必要な情報が収集されており，それらの情報から判断して航海に支障がないこと。
7. 航海に必要な員数の乗組員が乗り組んでおり，かつ，それらの乗組員の健康状態が良好であること。
8. 前各号に掲げるもののほか，航海を支障なく成就するため必要な準備が整っていること。（則第2条の2本文）

〔**注**〕①発航前12時間以内に上記第1号のうち操舵設備について，また②発航前24時間以内に第1号（操舵設備を除く。），第4号及び第5号の事項について発航前の検査をしたときは，当該事項について検査を行わないことができる。（則第2条の2ただし書）

§1-5　航海の成就（第9条）

船長は，航海の準備が終ったときは，遅滞なく発航（発航義務）し，かつ，必要がある場合を除いて，予定の航路を変更しないで到達港まで航行（直航義務）しなければならない。（第9条）

1. 発航義務……航海の準備が終わったならば，悪天候や戦争の危険などの正当な事由のない限り，遅滞なく発航しなければならない。

2. 直航義務……発航したならば，海上の危険から逃避するなど必要な場合を除いて，発航港から到達港まで安全かつ迅速に到着できるよう発航のとき定められた予定航路にしたがって，航行しなければならない。

しかし，直航義務は，絶対的なものでなく，暴風や流氷を回避するなど航海の安全のため，又は人命や財産の救助のためなど必要な場合には，予定航路の変更は認められる。

§1-6 甲板上の指揮（第10条）

船長は，次の場合は，甲板にあって自ら船舶を指揮しなければならない。

1. 船舶が港を出入するとき。
2. 船舶が狭い水路を通過するとき。
3. その他船舶に危険のおそれがあるとき。（第10条）

「その他船舶に危険のおそれがあるとき」とは，例えば，濃霧のふくそう海域を航行するとき，あるいは未精測の危険水域を航行するときである。

§1-7 在船義務（第11条）

船長は，やむを得ない場合を除いて，自己に代わって船舶を指揮すべき者にその職務を委任した後でなければ，荷物の船積み及び旅客の乗り込みのときから，荷物の陸揚げ及び旅客の上陸のときまで，自己の指揮する船舶を去ってはならない。（第11条）

「やむを得ない場合」とは，例えば，船長が急病とか，官庁の呼出しに応ずるため急に上陸しなければならない場合である。

§1-8 船舶に危険がある場合における処置（第12条）

船長は，自己の指揮する船舶に急迫した危険があるときは，人命の救助並びに船舶及び積荷の救助に必要な手段を尽くさなければならない。（第12条）

〔注〕 この規定は，以前は「船長の最後退船義務」を定めたものであったが，船長が職務を全うし犠牲となった「ぼりばあ丸」や「かりふおるにあ丸」などの一連の痛ましい海難事故を契機として，このように改正された。

§1-9 船舶が衝突した場合における処置（第13条）

船長は，船舶が衝突したときは，互いに人命及び船舶の救助に必要な手段を尽し，かつ，船舶の名称，所有者，船籍港，発航港及び到達港を告げなければならない。ただし，自己の指揮する船舶に急迫した危険があるときは，この限りでない。（第13条）

船長は，第19条により，国土交通大臣にその旨を報告しなければならない。（§1-19参照）

§1-10　遭難船舶等の救助（第14条）

船長は，他の船舶又は航空機の遭難を知ったときは，人命の救助に必要な手段を尽さなければならない。

ただし，①自己の指揮する船舶に急迫した危険がある場合，及び②国土交通省令の定める場合は，この限りでない。（第14条）

ただし書規定により，救助に赴かなくてもよい「国土交通省令の定める場合」とは，次の場合である。（則第３条）

1.　遭難者の所在に到着した他の船舶から救助の必要のない旨の通報があったとき。
2.　遭難船舶の船長又は遭難航空機の機長が，遭難信号に応答した船舶中適当と認める船舶に救助を求めた場合において，その救助を求められた船舶のすべてが救助に赴いていることを知ったとき。
3.　やむを得ない事由で救助に赴くことができないとき，又は特殊の事情によって救助に赴くことが適当でないか，若しくは必要でないと認められるとき。

　上記3. の場合においては，その旨を付近にある船舶に通報し，かつ，他の船舶が救助に赴いていることが明らかでないときは，遭難船舶の位置その他救助のために必要な事項を海上保安機関又は救難機関（日本近海にあっては，海上保安庁）に通報しなければならない。（則第３条第２項）

§1-11　異常気象等（第14条の２）

国土交通省令の定める船舶（無線電信又は無線電話の設備を有する船舶…則第３条の２第１項）の船長は，暴風雨，流氷その他の異常な気象，海象若しくは地象又は漂流物若しくは沈没物であって，船舶の航行に危険を及ぼすおそれのあるものに遭遇したときは，国土交通省令の定めるところ（下表）により，その旨を付近にある船舶及び海上保安機関（日本近海にあっては，海上保安庁）その

他の関係機関に，通報（電波法の定める安全通信によって行う。…則第３条の２第３項）しなければならない。（第14条の２）

国土交通省令の定める通報すべき事項（則第３条の２第２項）

異常な現象の種類	通報すべき事項
⑴　熱帯性暴風雨又はその他のビューフォート風力階級10以上（風速毎秒24.5メートル以上）の風を伴う暴風雨	イ　日時（協定世界時による。以下同じ。）及び位置 ロ　気圧（補正の有無を明らかにすること。）及び前３時間中の気圧の変化の状況 ハ　風向（真方位による。以下同じ。）及び風力（ビューフォート風力階級による。以下同じ。）又は風速 ニ　うねりの進行方向（真方位による。）及び周期又は波長その他の海面の状態 ホ　船舶の針路（真方位による。）及び速力
⑵　構造物上にはげしく着氷を生ぜしめる強風	イ　日時及び位置 ロ　気温 ハ　表面水温 ニ　風向及び風力又は風速
⑶　漂流物又は通常の漂流海域外における流氷若しくは氷山	イ　日時及び位置 ロ　形状，漂流方向（真方位による。）及び漂流速度
⑷　沈没物	イ　日時及び位置 ロ　形状及び深度
⑸　その他船舶の航行に危険を及ぼすおそれのある異常な現象	イ　日時及び位置 ロ　概要

§1-12　非常配置表及び操練（第14条の３）

（１）　非常配置表の作成・掲示義務（第１項）

国土交通省令の定める船舶の船長は，第12条（船舶に危険がある場合における処置），第13条（船舶が衝突した場合における処置）及び第14条（遭難船舶等の救助）に規定する場合その他非常の場合における海員の作業に関し，国土交通省令の定めるところにより，非常配置表を定め，これを船員室その他適当な場所に掲示して置かなければならない。

（第14条の３第１項）

(1)「国土交通省令の定める船舶」とは，次に掲げる船舶である。

（則第 3 条の 3 第 1 項）

① 旅客船（平水区域を航行区域とするものにあっては，国土交通大臣の指定する航路に就航するものに限る。）

② 旅客船以外の遠洋区域又は近海区域を航行区域とする船舶

③ 特定高速船（則第 3 条の 3 第 1 項第 3 号参照）

④ 専ら沿海区域において従業する漁船以外の漁船

(2)「国土交通省令」は，非常配置表について，次のことを定めている。

1. 非常配置表には，次に掲げる非常の場合における作業について，海員の配置を定めなければならない。（則第 3 条の 3 第 2 項）

① 防水作業。損傷時に復原性を確保するための作業（旅客船に限る）

② 消火作業

③ 救命艇等（救命艇・端艇・救命いかだ）及び救助艇の部署作業

④ 救命索発射器，救命浮環など救命設備の操作作業

⑤ 旅客の安全を確保するための作業

⑥ 密閉区画（船倉，タンクその他の密閉された区画）における救助作業

2. 非常配置表には，1. に定めるもののほか，次に掲げる事項を定めなければならない。（則第 3 条の 3 第 5 項～第 6 項）

① 非常の場合において海員をその配置につかせるための信号

② 非常の場合において旅客を招集するための信号

汽笛又はサイレンによる連続した 7 回以上の短声と長声 1 回

③ 上記②の信号が出された場合に海員及び旅客がとるべき措置

④ 船体放棄の命令を表す信号

⑤ 非常の場合において旅客の乗り込むべき救命艇等

⑥ 非常の場合に救命艇等及び救助艇に積み込むべき物品の名称・数量

⑦ 救命設備及び消火設備の点検・整備を担当する職員

（2） 操練の実施義務（第 2 項）

国土交通省令の定める船舶の船長は，国土交通省令の定めるところにより，海員及び旅客について，次の操練を実施しなければならない。

（第14条の 3 第 2 項）

(1) 前記(1)の船舶における「海員に対する操練」（則第 3 条の 4 第 1 項）

①	非常配置表に定める配置につかせる。	
②	防火操練	防火戸の閉鎖・通風の遮断及び消火設備の操作を行うこと。
	救命艇等操練	救命艇等の振出し又は降下及びその附属品の確認，救命艇の内燃機関の始動及び操作並びに救命艇の進水及び操船を行い，かつ，進水装置用の照明装置を使用すること。
	救助艇操練	救助艇の進水及び操船並びにその附属品の確認を行うこと。
	防水操練	水密戸，弁，舷窓その他の水密を保持するために必要な閉鎖装置の操作を行うこと。
	非常操舵操練	操舵機室からの操舵設備の直接の制御，船橋と操舵機室との連絡その他操舵設備の非常の場合における操舵を行うこと。
	密閉区画における救助操練	保護具，船内通信装置及び救助器具を使用し，並びに救急措置の指導を行うこと。
	損傷制御操練	復原性計算機の利用，損傷制御用クロス連結管の操作その他の損傷時における船舶の復原性を確保するために必要な作業を行うこと。（旅客船に限る。）

〔**注**〕 特定高速船は，上表のほか更に操練すべき事項が定められている。

（同項第 6 号）

(2) 上記「海員に対する操練」の実施方法 （則第 3 条の 4 第 2 項～第 5 項）

	操練の内容	対象船舶	実施回数
①	海員に対する操練（下記の②，③，④，⑤，⑥の操練を除く。）	(1)の船舶（非常配置表を定めるべき船舶）のうち，旅客船（国内各港間のみを航海する旅客船及び特定高速船を除く。）	少なくとも毎週 1 回
		旅客船である特定高速船	1 週間を超えない間隔
		旅客船以外の特定高速船	1 月を超えない間隔
		これら以外の船舶	少なくとも毎月 1 回
②	膨脹式救命いかだの振出し又は降下・附属品の確認	(1)の船舶（下記の漁船を除く。）	少なくとも 1 年に 1 回
		外洋大型漁船（第 3 項）以外の漁船	少なくとも 2 年に 1 回

③	救命艇の進水・操船（すべての救命艇について）	(1)の船舶（下記の船舶を除く。）	少なくとも3月に1回
		国内航海船等（第4項）	少なくとも1年に1回
④	救助艇操練	(1)の船舶（下記の船舶を除く。）	少なくとも3月に1回
		国内航海船等	少なくとも1年に1回
⑤	非常操舵操練 損傷制御操練	(1)の船舶	少なくとも3月に1回
⑥	密閉区画における救助操練	(1)の船舶	少なくとも2月に1回
（備考） なお，(1)の船舶のうち，漁船以外の船舶（国内各港間のみを航海する旅客船を除く。）及び外洋大型漁船においては，発航直前に行われた海員に対する操練に海員の4分の1以上が参加していない場合は，発航後24時間以内にこれを実施しなければならない。（第6項）			

(3)「旅客に対する操練」の実施　（則第3条の4第7項）

操練の内容	対象船舶	実施時期
旅客に対する避難のための操練	(1)の船舶のうち，国内航海船等以外の船舶（一定の特定高速船を除く。）	旅客の乗船後最初の出港の前又は当該出港の後直ちに実施
（備考） ただし，荒天その他の事由により実施することが著しく困難である場合は，この限りでない。		

(4) 前記(1)の船舶以外の船舶においては，海員に対して，少なくとも3月に1回非常操舵操練を，少なくとも2月に1回密閉区画における救助操練を実施しなければならない。　（則第3条の4第8項）

§1-13　航海の安全の確保（第14条の4）

第8条から第14条の3までに規定するもののほか，航海当直の実施，船舶の火災の予防，水密の保持その他航海の安全に関し船長の遵守すべき事項は，国土交通省令でこれを定める。　（第14条の4）

「国土交通省令」で定められている船長の遵守しなければならない事項は，次のとおり（要旨）である。（詳しくは，条文参照）（則第3条の5～第3条の20）

区 分	対象船長	事 項
航海当直の実施(則第3条の5)	船 長(①平水区域の船舶,②一定の漁船を除く。)	航海当直の編成及び航海当直を担当する者がとるべき措置について国土交通大臣が告示で定める基準(航海当直基準,§1-14参照)に従って,適切に航海当直を実施するための措置をとる。
	船 長(一定の漁船を除く。)	航海当直をすべき職務を有する者に対し,酒気帯びの有無について確認を行うとともに,酒気を帯びていることを確認した場合には,航海当直を実施させてはならない。
巡視制度(則第3条の6)	§1-12(1)の旅客船の船長	船舶の火災の予防のための巡視制度を設ける。
	ロールオン・ロールオフ旅客船の船長	貨物区域等における貨物の移動又はそれらの区域への関係者以外の者の立入りを監視するための巡視制度を設ける。
水密の保持(則第3条の7)	船 長 (第1項) 船長は,右欄の規定により,水密を保持するとともに,海員がこれを遵守するよう監督しなければならない。 (第2項) 一定の船舶は,右欄の一定の規定を適用しない。(条文参照のこと) (第3項) 右欄の⑦及び⑧の舷窓並びに⑨の開口のかぎ又は暗証番号その他解錠に必要な情報は,船長が保管又は管理しなければならない。	① 甲板間における貨物倉を区画する水密隔壁の水密戸及び甲板間における貨物倉を区画する甲板に取り付けたランプは,発航前に水密に閉じ,航行中は開放しないこと。 ② 機関室内の水密隔壁にある取り外しの可能な板戸は,発航前に水密を保つよう取り付け,航行中は緊急時を除き,取り外さないこと。 ③ 機関室内の工事用の出入口に設ける水密すべり戸は,発航前に水密に閉じ,航行中は一定の場合を除き,開放しないこと。 ④ 通常閉じられている水密戸及び昇降口の水密閉鎖装置は,発航前に水密に閉じ,航行中は通行の必要時を除き,開放しないこと。 ⑤ 開いておくことができる水密すべり戸は,航行中は旅客の通行等の必要時を除き,開放しないことなど。 ⑥ 上記①～⑤以外の水密隔壁の水密戸及び漁船の一定の開口部は,発航前に水密に閉じ,航行中は作業・通行の必要時を除き,開放しないことなど。 ⑦ 貨物積載場所の舷窓その他航行中近寄ることが困難な場所にある舷窓及びそのふたは,発航前に水密に閉じ,かつ錠前等を付すべきものは施錠し,航行中は開放しないこと。 ⑧ 一定の高さより下方のところにある舷窓は,発航前に水密に閉じ,かつ施錠し,航行中は開放しないこと。 ⑨ 外板の開口でその下縁が一定の高さより下方のところにあるもの(⑦及び⑧の舷窓を除

区　　分	対象船長	事　　項
		く。）は，発航前に水密に閉じ，かつ錠前等を付すべきものは施錠し，航行中は一定の場合を除き，開放しないこと。 ⑩　載貨扉は，発航前に水密に閉じ，かつ安全装置を作動させ，航行中は，これを開放しないこと（一定の場合を除く。）。 ⑪　舷門，載貨門その他の開口で隔壁甲板より下方にあるものは，発航前に水密に閉じ，航行中は開放しないこと。 ⑫　灰棄て筒，ちり棄て筒等の船内の開口で，隔壁甲板より下方にあるものは，使用後直ちにそのふた及び自動不還弁を確実に閉じること。
水密戸等の点検・作動 （則第３条の８）	旅客船の船長（国内各港間のみの航海を行う場合を除く。）	水密戸，水密戸に附属する表示器その他の装置，区画室の水密を保つための弁，損傷制御用クロス連結管の操作用弁 …毎週１回点検すること。 主横置隔壁にある動力式水密戸………毎日作動すること。
非常通路・救命設備の点検整備 （則第３条の９）	船　　　長	非常の際に脱出する通路，昇降設備及び出入口並びに救命設備を少なくとも毎月１回点検し，かつ整備すること。　第２項（略）
旅客に対する避難の要領等の周知 （則第３条の10）	船　　　長	避難の要領並びに救命胴衣の格納場所及び着用方法について，旅客の見やすい場所に掲示するほか，旅客に対して周知の徹底を図るため必要な措置を講じること。
船　上　教　育 （則第３条の11）	§1-12(1)の船舶の船長	海員が乗り組んでから２週間以内に救命設備及び消火設備の使用方法に関する教育を施し，また海員に対しこれらの教育及び海上における生存方法に関する教育を少なくとも毎月１回施すこと等。
船　上　訓　練 （則第３条の12）	§1-12(1)の船舶の船長	海員が乗り組んでから２週間以内に救命設備及び消火設備の使用方法に関する訓練を実施すること等。
手引書の備置き （則第３条の13）	§1-12(1)の船舶の船長	救命設備の使用方法及び海上における生存方法及び火災に対する安全の確保に関する手引書を食堂，休憩室その他適当な場所に備え置くこと。
操舵設備の作動 （則第３条の14）	２以上の動力装置を同時に作動することができ	船舶交通のふくそうする海域，視界が制限されている状態にある海域その他の船舶に危険のおそれがある海域を航行する場合には，当該２以

区　分	対象船長	事　項
	る操舵設備を有する船舶の船長	上の動力装置を作動させておくこと。
自動操舵装置の使用 (則第３条の15)	船　長	①　自動操舵装置を長時間使用したとき，又は前条に規定する危険のおそれがある海域を航行しようとするときは，手動操舵を行うことができるかどうかについて検査すること。 ②　前条に規定する危険のおそれがある海域を航行する場合に自動操舵装置を使用するときは，直ちに手動操舵を行うことができるようにしておくとともに，操舵を行う能力を有する者が速やかに操舵を引き継ぐことができるようにしておくこと。 ③　自動操舵から手動操舵への切換え及びその逆の切換えは，船長若しくは甲板部の職員により又はその監督の下に行わせること。
船舶自動識別装置の常時作動 (則第３条の16)	同装置を備える船舶の船長	航行中は，船舶自動識別装置（AIS）を常時作動させておくこと。(抑留されるおそれがある場合など一定の場合を除く。)
船舶長距離識別追跡装置の常時作動 (則第３条の17)	同装置を備える船舶の船長	①　航行中は，船舶長距離識別追跡装置を常時作動させておくこと。(抑留されるおそれがある場合など一定の場合を除く。) ②　抑留されるおそれがある場合など一定の場合において，同装置を停止した場合は，遅滞なく，海上保安庁に通報すること。
船橋航海当直警報装置の常時作動 (則第３条の18)	同装置を備える船舶の船長	航行中は，船橋航海当直警報装置（BNWAS）を常時作動させておくこと。
作　業　言　語 (則第３条の19)	船　長	乗組員が航海の安全に関し適切な動作を確実にするために使用する作業言語を決定し，その作業言語名を航海日誌（第１表の余白）に記載しておくこと。(作業言語を日本語に決定し，かつ，国際航海に従事しない場合には，記載することを要しない。) 第２項～第３項（略）
航海に関する記録 (則第３条の20)	国際航海に従事する国際総トン数150トン以上の船舶の船長（漁船など一定	航海に関する記録（告示で定めるもの）を作成し，船内に保存すること。

区　　分	対象船長	事　　項
	のものを除く。）	
クレーン等の位置の保持（則第３条の21）	船　　長	クレーン，デリックその他これらに類する装置を航海の安全に支障を及ぼすおそれのない位置に保持すること。

§1-14　航海当直基準（告示）

第14条の４（航海の安全の確保）に規定する「航海当直の実施」に関し国土交通省令（則第３条の５）に基づき，国土交通大臣は「航海当直基準」（平成８年運輸省告示第704号）を定めている。

§1-15　水　葬（第15条）

船長は，船舶の航行中船内にある者が死亡したときは，国土交通省令の定めるところにより，これを水葬に付することができる。（第15条）

「国土交通省令」は，水葬に付すことができる条件及び水葬に付すときの処置などについて定めている。（則第４条）

§1-16　遺留品の処置（第16条）

船長は，船内にある者が死亡し，又は行方不明となったときは，法令に特別の定めがある場合を除いて，船内にある遺留品について，国土交通省令の定めるところにより，保管その他の必要な処置をしなければならない。（第16条）

「国土交通省令」は，これらの処置について定めている。

（則第６条～第８条，第11条）

§1-17　在外国民の送還（第17条）

船長は，外国に駐在する日本の領事官が，法令の定めるところにより，日本国民の送還を命じたときは，正当の事由がなければ，これを拒むことができない。

§1-18　書類の備置（第18条，則第９条～第13条）

船長は，国土交通省令の定める場合を除いて，次の書類を船内に備え置かな

ければならない。（第18条）

1. 船舶国籍証書又は国土交通省令の定める証書（仮船舶国籍証書又は船籍票）
2. 海員名簿
3. 航海日誌（最後の記載をした日から3年間船内に備え置くこと。）
4. 旅客名簿（旅客船以外の船舶など一定の船舶を除く。）
5. 積荷に関する書類（積荷目録）
6. 海上運送法第26条第3項に規定する証明書（航海命令従事証明書）

〔**注**〕 (1) 航海日誌には，航海の概要のほか，次に掲げる場合（大要）にあっては，その概要も記載しなければならない。（則第11条第2項）

① 操舵設備の発航前の検査を行ったとき。
② 遭難船舶等を救助しなかった（法第14条ただし書）とき。
③ 操練を行い，又は行うことができなかったとき。
④ 水密戸等を開放し，若しくは閉じ，又は点検したとき。
⑤ 救命設備の点検整備を行ったとき。
⑥ 船上訓練を行ったとき。
⑦ 船舶自動識別装置を作動させておかなかったとき。
⑧ 船舶長距離識別追跡装置を作動させておかなかったとき。
⑨ 水葬，遺留品の処置，在外国民の送還，懲戒，危険に対する処置，強制下船又は行政庁に対する援助の請求を行ったとき。
⑩ 航行に関する報告を国土交通大臣に行ったとき。
⑪ 船長以外の者が船長の職務を行ったとき。
⑫ 自蔵式呼吸具，送気式呼吸具及び空気圧縮機の点検を行ったとき。
⑬ 船内でくん蒸に使用した薬品の量について検知を行ったとき。
⑭ 貨物タンクの圧力逃し弁の設定圧力の変更を行ったとき。
⑮ 燃料タンクの圧力逃し弁と当該タンクとの間の空気間の流路の遮断を行ったとき。
⑯ 船内において出生又は死産があったとき。
⑰ 海員その他船内にある者による犯罪があったとき。
⑱ 労働関係に関する争議行為があったとき。
⑲ 国際航海に従事する船舶において事故その他の理由による例外的な船舶発生廃棄物の排出を行ったとき。
⑳ 国際航海に従事する船舶が，海洋汚染等及び海上災害の防止に関する法律施行令に定める窒素酸化物の放出海域に入出域するとき又は当該海域において原動機の始動若しくは停止するとき。
㉑ 海洋汚染等及び海上災害の防止に関する法律の規定により，硫黄分の濃度その他の品質が一定の基準に適合する燃料油の使用を開始するとき。
㉒ 国際航海に従事する船舶が，海洋汚染等及び海上災害の防止に関する法律施行令に定める南極海域若しくは北極海域に入出域するとき又は当該海域に

おいて海氷の密接度が変化するとき。

(2) 第50条，第67条及び第113条の規定により，船長又は船舶所有者は，次の書類を保管し又は備え置かなければならないことになっている。

1. 船員手帳（船長）（第50条）
2. 補償休日・割増手当に関する記録簿（船長）
   休日付与簿（船舶所有者）（第67条）
3. 船員法，労働基準法，労働協約，就業規則など（船舶所有者）（第113条）

§1-19　航行に関する報告（第19条）

船長は，次のいずれかの1に該当する場合には，国土交通省令の定めるところにより，国土交通大臣にその旨を報告しなければならない。

1. 船舶の衝突，乗揚，沈没，滅失，火災，機関の損傷その他の海難が発生したとき。
2. 人命又は船舶の救助に従事したとき。
3. 無線電信によって知ったときを除いて，航行中，他の船舶の遭難を知ったとき。
4. 船内にある者が死亡し，又は行方不明となったとき。
5. 予定の航路を変更したとき。
6. 船舶が抑留され，又は捕獲されたとき，その他船舶に関し著しい事故があったとき。（第19条）

「国土交通省令の定めるところ」により報告しようとするときは，遅滞なく，最寄りの地方運輸局長又は指定市町村長（以下「地方運輸局長等」という。）（外国にあっては，日本の領事官。第103条）に報告書2通を提出し，かつ，航海日誌を提示しなければならない。ただし，滅失その他のやむを得ない事由があるときは，航海日誌の提示は，要しない。（則第14条）

また，報告した事実については，船長又は船舶所有者は，地方運輸局長に対し当該報告書の写に証明を求めることができる。（則第15条）

§1-20　船長の職務の代行（第20条）

船長が死亡したとき，船舶を去ったとき，又はこれを指揮することができない場合において他人を選任しないときは，運航に従事する海員は，その職掌の順位（一等航海士，二等航海士…の順位）に従って，船長の職務を行う。

第3章 紀 律

§1-21 船内秩序（第21条）

海員は，船内秩序を維持するため，次の事項を守らなければならない。

1. 上長の職務上の命令に従うこと。
2. 職務を怠り，又は他の乗組員の職務を妨げないこと。
3. 船長の指定するときまでに船舶に乗り込むこと。
4. 船長の許可なく船舶を去らないこと。
5. 船長の許可なく救命艇その他の重要な属具を使用しないこと。
6. 船内の食料又は淡水を濫費しないこと。
7. 船長の許可なく電気若しくは火気を使用し，又は禁止された場所で喫煙しないこと。
8. 船長の許可なく日用品以外の物品を船内に持ち込み，又は船内から持ち出さないこと。
9. 船内において，争斗，乱酔その他粗暴の行為をしないこと。
10. その他船内の秩序を乱すようなことをしないこと。

§1-22 船員法上の懲戒（第22条～第24条）

（1） 船長は，海員が第21条（船内秩序）の事項を守らないときは，その海員を懲戒することができる。（第22条）

（2） 船員法上の懲戒

1. 上陸禁止……期間は，初日を含めて10日以内とし，その期間には，停泊日数のみを算入する。
2. 戒　　告……将来を戒めるものである。（第23条）

（3） 船長は，海員を懲戒しようとするときは，3人以上の海員を立ち会わせて本人及び関係人を取り調べた上，立会人の意見を聴かなければならない。（第24条）

§1-23 危険に対する処置（第25条～第27条）

（1） 船長は，海員が凶器，爆発又は発火しやすい物，劇薬その他の危険物を所持するときは，その物につき保管，放棄その他の処置をすることができる。（第25条）

（2）　船長は，船内にある者の生命若しくは身体又は船舶に危害を及ぼすような行為をしようとする海員に対し，その危害を避けるのに必要な処置をすることができる。（第26条）

（3）　船長は，必要があると認めるときは，旅客その他船内にある者に対しても，上記（1）又は（2）に規定する処置をすることができる。（第27条）

§1-24　強制下船（第28条）

船長は，海員が雇入契約の終了の公認があった後船舶を去らないときは，その海員を強制して船舶から去らせることができる。

§1-25　行政庁に対する援助の請求（第29条）

船長は，海員その他船内にある者の行為が人命又は船舶に危害を及ぼし，その他船内の秩序を著しく乱す場合において，必要があると認めるときは，行政庁に援助を請求することができる。

§1-26　争議行為の制限（第30条）

労働関係に関する争議行為は，船舶が外国の港にあるとき，又はその争議行為により人命若しくは船舶に危険が及ぶようなときは，これをしてはならない。

第4章　雇入契約等

§1-27　雇入契約の締結前の書面の交付等（第32条）

（1）　船舶所有者は，雇入契約を締結しようとするときは，あらかじめ，当該雇入契約の相手方に対し，次に掲げる事項について書面を交付して説明しなければならない。

1. 船舶所有者の名称又は氏名及び住所
2. 給料，労働時間その他の労働条件に関する事項であって，雇入契約の内容とすることが必要なものとして国土交通省令で定めるもの（則第16条）（第1項）

（2）　船舶所有者は，雇入契約の内容（上記（1）の2. に掲げる事項に限る。）を変更しようとするときは，あらかじめ，船員に対し，当該変更の内容について書面を交付して説明しなければならない。（第3項）

§1-27の2 雇入契約の成立時の書面の交付等（第36条）

船舶所有者は，雇入契約が成立したときは，遅滞なく，国土交通省令で定めるところにより，次に掲げる事項を記載した書面を船員に交付しなければならない。

1. 第32条第1項各号に掲げる事項
2. 当該雇入契約を締結した船員の氏名，住所及び生年月日
3. 当該雇入契約を締結した場所及び年月日

§1-27の3 沈没等に因る雇入契約の終了（第39条）

（1） 船舶が次のいずれかの1に該当する場合には，雇入契約は，終了する。
  1. 沈没又は滅失したとき。（船舶の存否が1箇月間分らないときは，船舶は，滅失したものと推定する。）
  2. 全く運航に堪えなくなったとき。（第1項，第2項）

（2） 上記の規定により雇入契約が終了したときでも，船員は，人命，船舶又は積荷の応急救助のために必要な作業に従事しなければならない。（第3項）

§1-27の4 雇入契約の解除（第40条～第42条）

（1） 船舶所有者は，次のいずれかの1に該当する場合には，雇入契約を解除することができる。
  1. 船員が著しく職務に不適任であるとき。
  2. 船員が著しく職務を怠ったとき，又は職務に関し船員に重大な過失のあったとき。
  3. 海員が船長の指定する時までに船舶に乗り込まないとき。
  4. 海員が著しく船内の秩序をみだしたとき。
  5. 船員が負傷又は疾病のため職務に堪えないとき。
  6. 前各号の場合を除いて，やむを得ない事由のあるとき。（第40条）

（2） 船員は，次のいずれかの1に該当する場合には，雇入契約を解除することができる。
  1. 船舶が雇入契約の成立の時における国籍を失ったとき。
  2. 雇入契約により定められた労働条件と事実とが著しく相違するとき。
  3. 船員が負傷又は疾病のため職務に堪えないとき。

4. 船員が国土交通省令の定めるところにより教育を受けようとするとき。（第41条第1項）

（3） 船舶が外国の港からの航海を終了した場合において，その船舶に乗り組む船員が，24時間以上の期間を定めて書面で雇入契約の解除の申入をしたときは，その期間が満了した時に，その者の雇入契約は，終了する。（第41条第2項）

（4） 海員は，船長の適当と認める自己の後任者を提供したときは，雇入契約を解除することができる。（第41条第3項）

（5） 期間の定のない雇入契約は，船舶所有者又は船員が24時間以上の期間を定めて書面で解除の申入をしたときは，その期間が満了した時に終了する。（第42条）

§1-27の5　船員手帳（第50条）

（1） 船員は，船員手帳を受有しなければならない。（第1項）

船員手帳を定めた趣旨・効用は，次のとおりである。

1. 船員手帳の受有を要件としたのは，船員の労働保護のためであり，また，これにより行政官庁は海上労働の実態を把握することができる。
2. 船員手帳は，所定の様式により，氏名，本籍，生年月日，官庁記事，職務，雇入契約の内容，休日関係，有給休暇関係，船員保険関係，健康証明などを記載した手帳で，本人の履歴を証明するものである。
3. 雇入契約の成立，変更，更新，終了の際には，地方運輸局長等の公認を受けるもので，行政官庁の監督の手段として用いられるとともに，記載の事項については証明書ともなり，外航船の船員に対しては旅券としての効用をもつ。

（2） 船長は，海員の乗船中，その船員手帳を保管しなければならない。（第2項）

（3） 船長は，国土交通省令で定めるところにより，船内における職務，雇入期間その他の船員の勤務に関する事項を船員手帳に記載しなければならない。（第3項）

（4） 船員手帳の交付，再交付，訂正，書換え及び返還に関し必要な事項は，国土交通省令で定める。（第4項）

「国土交通省令」は，次のとおり定めている。（則第28条～第39条）

1. 船員手帳の有効期間（則第35条）

有効期間は，交付，再交付又は書換えを受けたときから10年間（外国人は5年間）である。

ただし，航海中にその期間が経過したときは，その航海が終了するまで有効である。

2. 船員手帳の交付等（則第28条～第34条，第36条～第39条）

①船員となったときの船員手帳の交付の申請，②未成年者の船員手帳の交付，③氏名・性別・本籍に変更があったときの船員手帳の訂正等の申請，④船員手帳の滅失・き損等のときの再交付の申請，⑤船員手帳の書換え，還付，返還，様式及び同記載事項の証明について定めている。

第5章　給料その他の報酬

§1-27の6　給料その他の報酬（第52条～第59条）

給料その他の報酬の定め方，その支払い方法などについて規定している。

第6章　労働時間，休日及び定員

§1-28　労働時間，休日及び補償休日（第60条～第62条）

（1） 労働時間（第60条）

1. 船員の1日当たりの労働時間は，8時間以内とする。（第1項）
2. 船員の1週間当たりの労働時間は，基準労働期間（第3項）について平均40時間以内とする。（第2項）
3. 基準労働期間とは，船舶の航行区域，航路その他の航海の期間及び態様に係る事項を勘案して国土交通省令で定める船舶の区分に応じて1年以下の範囲内において国土交通省令で定める期間をいう。（第3項）

国土交通省令は，例えば，次のとおり定めている。（則第42条の2）

遠洋区域又は近海区域を航行区域とする船舶（国内各港間のみを航海するものを除く。）……………………………………………………1年
平水区域を航行区域とする船舶（同条第1項第5号の船舶を除く。）…3月

（2） 休日（第61条）

船舶所有者が船員に与えるべき休日は，基準労働期間について1週間当

たり平均１日以上とする。

（３）　補償休日（第62条）

船舶所有者は，船員の労働時間が１週間において40時間を超える場合又は１週間において少なくとも１日の休日を付与できない場合には，これに対する補償として一定の休日（補償休日）を，その者に与えなければならない。

〔注〕 1.　これらの規定（労働時間，休日及び補償休日）は，船員が次の作業に従事する場合には，適用されない。（第68条）

①　人命，船舶若しくは積荷の安全を図るため，又は人命若しくは他の船舶を救助するため緊急を要する作業

②　防火操練，救命艇操練その他これらに類似する作業

③　航海当直の通常の交代のために必要な作業

2.　これらの規定は，漁船など一定の船舶には，適用されない。（第71条）

3.　定期的に短距離の航路に就航するため入出港が頻繁である船舶や航海の態様が特殊な一定の船舶に関しては，労働時間について国土交通省令で別段の定めができることになっている。（第72条）

§1-29　定　員（第69条〜第70条）

（１）　労働時間に関する規定を遵守するための必要な員数の配乗等（第69条）

1.　船舶所有者は，国土交通省令で定める場合を除いて，労働時間に関する規定（第60条第１項又は第72条）を遵守するために必要な海員の定員を定めて，その員数の海員を乗り組ませなければならない。（第１項）

2.　船舶所有者は，航海中海員に欠点を生じたときは，遅滞なくその欠員を補充しなければならない。（第２項）

（２）　航海の安全を確保するための必要な員数の配乗（第70条）

船舶所有者は，前条(１)の規定によるほか，航海当直その他の船舶の航海の安全を確保するための作業を適切に実施するために必要な員数の海員を乗り組ませなければならない。

第７章　有給休暇

§1-30　有給休暇（第74条〜第79条の２）

有給休暇の付与，その日数，その与え方，有給休暇中の報酬などについて規定している。

有給休暇は，陸地を遠く離れて航行している船舶において一定の期間生活を営みつつ職務を行ってきた船員に対して，船舶所有者が，いわゆる有給での休暇を与えなければならない制度である。

第8章　食料並びに安全及び衛生

§1-30の2　食料の支給（第80条）

船舶所有者は，船員の乗船中，これに食料を支給しなければならない。

（第1項。第2項　略）

この規定は，船舶所有者が，乗船中の船員に対して食料支給の義務があることを定めたものである。

§1-31　安全及び衛生（第81条）

（1） 船舶所有者は，作業用具の整備，船内衛生の保持に必要な設備の設置及び物品の備付け，船内作業による危害の防止及び船内衛生の保持に関する措置の船内における実施及びその管理の体制の整備その他の船内作業による危害の防止及び船内衛生の保持に関し国土交通省令で定める事項を遵守しなければならない。（第1項）

「国土交通省令で定める事項」とは，施行規則及び船員労働安全衛生規則で定める事項である。

施行規則には，次の規定（要旨）がある。

1. 医薬品その他の衛生用品の備付け等（則第53条）

船舶所有者は，医師を乗り組ませなければならない船舶（§1-32），衛生管理者を乗り組ませなければならない船舶（§1-33）など一定の区分（4つ）に応じ告示で定める数量の医薬品等（医薬品その他の衛生用品）を備え付けなければならない。

（第1項。第2項～第5項　略）

2. 医療書の備置（則第54条）

船舶所有者は，船舶（平水区域を航行区域とする船舶など一定のものを除く。）に国土交通省監修「日本船舶医療便覧」を備え置かなければならない。

ただし，一定の船舶（則第53条第1項第3号又は第4号）にあっては，国土交通省監修「小型船医療便覧」をもってこれに代えることができる。

（2） 船舶所有者は，国土交通省令（船員労働安全衛生規則）の定める危険な船内作業については，国土交通省令（同規則）の定める経験又は技能を有しない船員を従事させてはならない。（第 2 項）

1. 「国土交通省令の定める危険な船内作業」とは，揚びょう機，ラインホーラーなどを操作又は調整する作業で，16の作業が定められている。（規則第28条第 1 項）

2. 上記1. の規定にかかわらず，1. の作業のうち，一定の作業（ 5 つ）については，「登録危険作業講習」の課程を修了した者には，その作業を行わせることができる。（規則第28条第 2 項）

3. ヘルメット式潜水器など一定の潜水器を用い，かつ，空気圧縮機等による送気又はボンベからの給気を受けて水深10メートル以上の場所において行う作業は，潜水士の免許を受けた者でなければ行ってはならない。（規則第28条第 3 項）

（3） 船舶所有者は，伝染病，精神病又は国土交通省令（同規則）の定める労働のために病勢の増悪するおそれのある疾病にかかった船員を作業に従事させてはならない。（第 3 項）

（4） 船員は，船内作業による危害の防止及び船内衛生の保持に関し国土交通省令（同規則）の定める事項を遵守しなければならない。（第 4 項）

§1-32　医　師（第82条）

船舶所有者は，次の船舶には医師を乗り組ませなければならない。
ただし，国内各港間を航海するときなど一定のときは，この限りでない。

1. 遠洋区域又は近海区域を航行区域とする総トン数3,000トン以上の船舶で最大搭載人員100人以上のもの
2. 前号に掲げる船舶以外の遠洋区域を航行区域とする国土交通省令の定める船舶で国土交通大臣の指定する航路に就航するもの
3. 国土交通省令の定める母船式漁業に従事する漁船

§1-33　衛生管理者（第82条の 2）

（1） 船舶所有者は，次の船舶（医師を乗り組ませなければならない船舶（第82条）を除く。）には，乗組員の中から衛生管理者を選任しなければならない。

ただし，国内各港間を航海する場合又は国土交通省令の定める区域のみを航海する場合は，この限りでない。

1. 遠洋区域又は近海区域を航行区域とする総トン数3,000トン以上の船舶
2. 国土交通省令の定める漁船 (第1項)

(2) 衛生管理者は，衛生管理者適任証書を受有する者でなければならない。

ただし，やむを得ない事由がある場合において，国土交通大臣の許可を受けたときは，この限りでない。 (第2項)

(3) 国土交通大臣は，衛生管理者試験に合格し，又はそれと同等以上の能力を有すると認定した者に衛生管理者適任証書を交付する。 (第3項)

(4) 衛生管理者は，国土交通省令の定めるところにより，船内の衛生管理に必要な業務（船員の健康管理及び保健指導，衛生の保持など）に従事しなければならない。その業務については，衛生管理者は，必要に応じ，医師の指導を受けるように努めなければならない。 (第4項)

(5) 前各項に定めるもののほか，衛生管理者及び衛生管理者適任証書に関し必要な事項は，国土交通省令でこれを定める。 (第5項)

§1-34 健康証明書（第83条）

(1) 船舶所有者は，国土交通大臣の指定する医師が船内労働に適することを証明した健康証明書を持たない者を船舶に乗り組ませてはならない。

(2) 健康証明書に関し必要な事項は，国土交通省令（則第55条～第56条の2）で定められている。

第9章 年少船員

§1-35 年少船員の就業制限（第85条）

(1) 船舶所有者は，年齢16年未満の者（漁船にあっては，年齢15年に達した日以後の最初の3月31日が終了した者を除く。）を船員として使用してはならない。

ただし，同一の家庭に属する者のみを使用する船舶については，この限りでない。 (第1項)

(2) 船舶所有者は，年齢18年未満の船員を第81条第2項（§1-31(2)）の国土

交通省令で定める危険な船内作業又は国土交通省令で定める当該船員の安全及び衛生上有害な作業に従事させてはならない。（第２項）

従事させてはならない「国土交通省令で定める船員の安全及び衛生上有害な作業」とは，船員労働安全衛生規則に定める一定の作業である。

（規則第74条）

例えば「腐しょく性物質，毒物又は有害性物質を収容した船倉又はタンク内の清掃作業」であって，12の作業が定められている。

（３） 船舶所有者は，年齢18年未満の者を船員として使用しようとするときは，その者の船員手帳に国土交通大臣の認証を受けなければならない。

（第３項）

（４） 前項（３）の認証に関し必要な事項は，国土交通省令で定められる。

（第４項）

「国土交通省令」には，次のとおり定めている。（則第57条の２）

船舶所有者は，年少船員の認証を受けようとするときは，雇入契約の成立の届出の際，船員手帳の該当欄に年齢18年に達する年月日を朱書し，これを地方運輸局長等に提示しなければならない。

§1-36　年少船員の夜間労働の禁止（第86条）

（１） 船舶所有者は，年齢18年未満の船員を夜間（午後８時から翌日の午前５時まで）において作業に従事させてはならない。

ただし，国土交通省令の定める場合（下記）において，午前０時から午前５時までの間を含む連続した９時間の休息をさせるときは，この限りでない。（第１項）

1. 船舶が高緯度の海域にあって昼間が著しく長い場合
2. 所轄地方運輸局長の許可を受けて，海員を旅客の接待，物品の販売など軽易な労働に専ら従事させる場合（則第58条第１項）

（２） 第１項（夜間労働の禁止）の規定は，下記の作業に従事させる場合には，適用されない。

「人命，船舶若しくは積荷の安全を図るため又は人命若しくは他の船舶を救助するため緊急を要する作業（第68条第１項第１号）」（第２項）

（３） 第１項（夜間労働の禁止）の規定は，漁船及び船舶所有者と同一の家庭に属する者のみを使用する船舶については適用されない。（第３項）

第9章の2 女子船員

§1-37 女子船員（第87条～第88条の8）

（1） 女子差別撤廃条約に準拠

従来，女子船員は，年少船員とともに，夜間労働の禁止が規定されていたが，男女平等の原則（女子差別撤廃条約）に基づき，妊産婦を除いて廃止された。また，従来規定されていた広範にわたる危険作業・有害作業の就業制限についても緩和され，女子の妊娠・出産に係る機能に有害な作業に限定されることとなった。

（2） 母性保護を目的とする特別措置としての規定（概要）

1. 妊産婦の就業制限

① 船舶所有者は，妊娠中の女子及び出産後8週間を経過しない女子を船内で使用してはならない。ただし，一定の場合を除く。 （第87条）

② 船舶所有者は，妊産婦（妊娠中又は出産後1年以内の女子）の船員を母性保護上有害な一定の作業（船員労働安全衛生規則第75条）に従事させてはならない。 （第88条）

2. 妊産婦の労働時間及び休日の特例

① 第6章（労働時間，休日及び定員）の規定の内，次に掲げる規定は，妊産婦の船員については適用されない。 （第88条の2）

イ 第61条（休日）
ロ 第64条～第65条（時間外，補償休日及び休息時間の労働）
ハ 第65条の2（労働時間の限度）
ニ 第65条の3（休息時間）第3項
ホ 第66条（割増手当）
ヘ 第68条（例外規定）第1項
ト 第71条（適用範囲等）
チ 第72条，第73条（特例）

② 妊産婦の船員の1日当たりの労働時間は，8時間以内とする。

③ 船舶所有者は，妊産婦の船員を上記の労働時間を超えて作業に従事させてはならない。 （第88条の2の2第1項）

ただし，出産後8週間を経過した妊産婦の船員が，次に掲げる場合において申し出たとき（その者の母性保護上支障がないと医師が認めた場合に限る。）は，船舶所有者は，この労働時間の制限を超えて作業に従事させることができる。

イ　航海の安全を確保する臨時の必要があるとき（同　第２項）

ロ　船舶が狭い水路を通過するため航海当直の員数を増加する必要がある場合等（同　第３項）

④　船舶所有者は，妊産婦の船員に１週間について少なくとも１日の休日（補償休日を除く。）を与えなければならない。ただし，一定の場合を除く。（第88条の３）

3.　妊産婦の夜間労働の制限

船舶所有者は，妊産婦の船員を夜間（午後８時～翌日午前５時）において作業に従事させてはならない。ただし，一定の場合を除く。

（第88条の４）

4.　例外規定

船舶所有者が，妊産婦の船員を，一定の緊急を要する作業（第68条第１項第１号）に従事させる場合は，次に掲げる規定は適用されない。

（第88条の５）

イ　第60条（労働時間）

ロ　第62条，第63条（補償休日）

ハ　第65条の３（休息時間）第１項及び第２項

ニ　第66条の２（通常配置表）

ホ　第67条（記録簿の備置き等）

ヘ　上記2. の②～④並びに上記3. の規定

5.　妊産婦以外の女子船員の就業制限

船舶所有者は，女子の妊娠又は出産に係る機能に有害な一定の作業（規則第76条）に従事させてはならない。（第88条の６）

6.　生理日における就業制限

船舶所有者は，女子の船員の請求があったときは，その者を生理日において作業に従事させてはならない。（第88条の７）

7.　適用範囲

上記1. ～6. の規定は，船舶所有者と同一の家庭に属する者のみを使用する船舶には，適用されない。（第88条の８）

第10章　災害補償

§1-37の2　災害補償（第89条～第96条）

この規定は，療養補償，傷病手当及び予後手当，障害手当，行方不明手当，遺族手当及び葬祭料について，船舶所有者が費用を負担又は支払う義務のあることを定めている。

第11章　就業規則

§1-37の3　就業規則の作成及び届出（第97条）

常時10人以上の船員を使用する船舶所有者は，国土交通省令（則69条～第70条）の定めるところにより，次の事項について就業規則を作成し，これを国土交通大臣に届け出なければならない。これを変更したときも同様とする。

1. 給料その他の報酬
2. 労働時間
3. 休日及び休暇
4. 定員

（第１項。第２項～第５項　略）

第11章の２　船員の労働条件等の検査等

§1-37の4　定期検査（第100条の２）

「特定船舶」の船舶所有者は，次のときは，船員の労働条件，安全衛生その他の労働環境及び療養補償（以下「労働条件等」という。）について，国土交通大臣又は登録検査機関の行う定期検査を受けなければならない。

（１）　当該特定船舶を初めて国際航海に従事させようとするとき

（２）　海上労働証書（第100条の３）又は臨時海上労働証書（第100条の６）の交付を受けた特定船舶をその有効期間満了後も国際航海に従事させようとするとき

〔注〕 1.　特定船舶：総トン数500トン以上の日本船舶（漁船その他特別の用途に供される一定の船舶を除く。）

2.　国際航海：本邦の港と本邦以外の地域の港との間又は本邦以外の地域の各港間の航海

§1-37の5　海上労働証書（第100条の3）

（1）　国土交通大臣は，定期検査に合格した船舶の船舶所有者に対し，海上労働証書を交付しなければならない。（第1項）

（2）　海上労働証書の有効期間は，5年とする。（第2項）

§1-37の6　中間検査（第100条の4）

海上労働証書の交付を受けた船舶の船舶所有者は，当該海上労働証書の有効期間中において国土交通省令で定める時期に，当該船舶に係る船員の労働条件等について国土交通大臣又は登録検査機関の行う中間検査を受けなければならない。

§1-37の7　臨時海上労働証書（第100条の6）

（1）　特定船舶の船舶所有者は，船舶所有者の変更があったことその他の国土交通省令で定める事由により有効な海上労働証書の交付を受けていない当該特定船舶を臨時に国際航海に従事させようとするときは，船員の労働条件等について，国土交通大臣又は登録検査機関の行う検査を受けなければならない。（第1項）

（2）　国土交通大臣は，上記の検査に合格した船舶の船舶所有者に対し，臨時海上労働証書を交付しなければならない。（第3項）

（3）　臨時海上労働証書の有効期間は，6月とする。ただし，その有効期間は，当該船舶の船舶所有者が当該船舶について海上労働証書の交付を受けたときは，満了したものとみなす。（第4項）

§1-37の8　特定船舶の航行（第100条の7）

特定船舶は，有効な海上労働証書又は臨時海上労働証書の交付を受けているものでなければ，国際航海に従事させてはならない。

§1-37の9　海上労働証書等の備置き（第100条の8）

海上労働証書又は臨時海上労働証書の交付を受けた特定船舶の船舶所有者は，当該特定船舶内に，国土交通省令で定めるところにより，これらの証書を備え置かなければならない。

第11章の3 登録検査機関

(略)

第12章 監 督

§1-38 国土交通大臣の監督命令等（第101条）

（1） 船舶所有者・船員に対する違反是正の措置命令（第1項）

国土交通大臣は，この法律，労働基準法（船員の労働関係について適用される部分に限る。以下同じ。）又はこの法律に基づいて発する命令に違反する事実があると認めるときは，船舶所有者又は船員に対し，その違反を是正するため必要な措置をとるべきことを命ずることができる。

（2） 措置命令に従わない場合の航行停止等の処分（第2項）

国土交通大臣は，(1)の措置命令を発したにもかかわらず，船舶所有者又は船員がその命令に従わない場合において，船舶の航海の安全を確保するため特に必要があると認めるときは，その船舶の航行の停止を命じ，又はその航行を差し止めることができる。この場合において，その船舶が航行中であるときは，国土交通大臣は，その船舶の入港すべき港を指定することができる。

（3） 違反の事実のなくなった場合の処分の取消し（第3項）

国土交通大臣は，(2)の規定による処分に係る船舶について，違反の事実がなくなったと認めるときは，直ちにその処分を取り消さなければならない。

§1-39 船員労務官の立入検査等（第107条）

（1） 船員労務官の出頭命令等の権限（第1項）

船員労務官は，必要があると認めるときは，船舶所有者，船員その他の関係者に出頭を命じ，帳簿書類を提出させ，若しくは報告をさせ，又は船舶その他の事業場に立ち入り，帳簿書類その他の物件を検査し，若しくは船舶所有者，船員その他の関係者に質問をすることができる。

（2） 船員労務官の旅客等に対する質問権限（第2項）

船員労務官は，必要があると認めるときは，旅客その他船内にある者に質問をすることができる。

（3）　身分を示す証明書の提示（第3項）

（1）又は（2）の場合には，船員労務官は，その身分を示す証明書（船員労務官証明書）を携帯し，関係者に提示しなければならない。

（4）　立入検査の権限の解釈（第4項）

（1）又は（2）の規定による立入検査の権限は，犯罪捜査のために認められたものと解釈してはならない。

（5）　船員労務官の服制（第5項）

船員労務官の服制は，国土交通省令でこれを定める。

〔注〕 船員労務官は，違反を現認した場合には，司法警察員として刑事訴訟法の手続きにより犯罪捜査を行うこととなる。（第108条）

§1-40　船員の申告（第112条）

（1）　船員の申告（第1項）

船員法，労働基準法又は船員法に基づいて発する命令に違反する事実があるときは，船員は，国土交通省令の定めるところにより，国土交通大臣，地方運輸局長，運輸支局長，地方運輸局，運輸監理部若しくは運輸支局の事務所の長又は船員労務官にその事実を申告することができる。

（2）　申告に対する船舶所有者の取扱い（第2項）

船舶所有者は，（1）の申告をしたことを理由として，船員を解雇し，その他船員に対して不利益な取扱いを与えてはならない。

この申告制度を設けたのは，船舶が陸地を遠く離れて航行するため，陸上の監督機関の監視が十分に届かない場合があるので，船員法等の法令違反の事実があるときは，船員の側から積極的に申告をすることができるようにして，これらの法令の遵守の監督を徹底しようとするものである。

第13章　雑　　則

§1-41　航海当直部員（第117条の2）

（1）　航海当直部員の資格証明（第1項）

船舶所有者は，次に掲げる国土交通省令で定める船舶に航海当直部員として部員を乗り組ませようとする場合には，次項（第2項）の規定により船員手帳に証印を受けている者を，国土交通省令で定めるところにより乗り

組ませなければならない。 (第1項)

本条は，航海当直部員について，船員手帳への証印により資格証明を行うこととし，あわせてこれらの資格者が法令違反をした場合には，同手帳の証印を抹消することにより資格の取消しができることを定めたものである。

1. 航海当直部員を乗り組ませるべき「国土交通省令で定める船舶」 (則第76条)

① 則第3条の5各号に掲げる下記の船舶以外の船舶

イ 平水区域を航行区域とする船舶

ロ 専ら平水区域又は船員法第1条第2項第3号の漁船の範囲を定める政令別表の海面において従業する漁船

② 平水区域を航行区域とする総トン数700トン以上の船舶

2. 航海当直部員の乗組みに関する基準 (則第77条)

船舶所有者は，甲板部又は機関部の航海当直部員として部員を乗り組ませようとする場合には，それぞれ甲板部航海当直部員又は機関部航海当直部員の資格の認定をした旨の証印を受けている者を乗り組ませなければならない。

3. 航海当直部員の職務 (則第77条の2の2)

① 甲板部の航海当直部員の職務

船舶の位置，針路及び速力の測定，見張り，気象及び水象に関する情報の収集及び解析，船舶の操縦，航海機器の作動状態の点検，係船索及び錨の取扱い，船内の巡回，船外との通信連絡，火災その他の災害の発生時における応急措置の実施並びにこれらの業務に関する引継ぎ及び記録の作成

② 機関部の航海当直部員の職務

機関の作動状態の監視及び点検，機関の操作，機関区域内の巡回，機関の故障その他の機関に係る異常な事態の発生時における応急措置の実施並びにこれらの業務に関する引継ぎ及び記録の作成

③ 上記①及び②の航海当直部員は，その職務を上長（部員である者を除く。）の職務上の命令に従って行うものとする。

（2） 国土交通大臣の認定（第2項）

国土交通大臣は，国土交通省令の定めるところにより航海当直をするために必要な知識及び能力を有すると認定した者に対し，その者の船員手帳に認定をした旨の証印をする。

「国土交通省令」は，航海当直部員の認定及び認定の申請について定めている。（則第77条の２の３）（条文参照のこと）

（３）　証印の抹消など（第３項～第５項）（略）（条文参照のこと）

§1-42　危険物等取扱責任者（第117条の3）

（１）　危険物等取扱責任者の配乗（第１項）

船舶所有者は，国土交通省令で定める次の船舶には，危険物等取扱責任者（危険物又は有害物の取扱いに関する業務を管理すべき職務を有する者）として，次項(２)の規定により証印を受けている者を，国土交通省令で定めるところにより乗り組ませなければならない。　（第１項）

1.　危険物等取扱責任者を乗り組ませるべき船舶

①　タンカー：国土交通大臣が定める危険物又は有害物であるばら積みの液体貨物を輸送するために使用される船舶で国土交通省令で定めるもの。（則第77条の３第１項参照）

②　液化天然ガス等燃料船：液化天然ガスその他の国土交通大臣が定める危険物又は有害物である液体物質を燃料とする船舶で国土交通省令で定めるもの。（則第77条の３第２項参照）

国土交通大臣が定める危険物又は有害物：船員法第117条の３の国土交通大臣が定める危険物又は有害物を定める件（平成29年国土交通省告示第878号）参照

2.「国土交通省令で定めるところ」の危険物等取扱責任者の乗組みに関する基準　（則第77条の４）

上記1.の船舶には，則第77条の４で定めるところにより，船長又は海員として，甲種危険物取扱責任者又は乙種危険物取扱責任者の資格の認定の証印を受けているものを乗り組ませなければならない。

3.　危険物等取扱責任者の職務（則第77条の４，則第77条の５）

危険物等取扱責任者の区分には，輸送する貨物の種類等により下記のものがあり，それぞれ職務が定められている。

① タンカーに乗り組ませる危険物等取扱責任者の区分及び職務

区 分	職 務
甲種危険物等取扱責任者（石油） 同 （液体化学薬品） 同 （液化ガス）	危険物又は有害物であるばら積みの液体貨物の積込み及び取卸しの作業に関する計画の立案，当該作業の指揮監督，当該作業に関し必要な船外との通信連絡，当該貨物に係る保安の監督，火災その他の災害の発生時における応急措置の実施並びにこれらの業務に関する記録の作成
乙種危険物等取扱責任者（石油） 同 （液体化学薬品） 同 （液化ガス）	危険物又は有害物であるばら積みの液体貨物の積込み及び取卸しの作業に関する現場における指揮監督，当該貨物に係る保安の監督，火災その他の災害の発生時における応急措置の実施並びにこれらの業務に関する記録の作成

② 液化天然ガス等燃料船に乗り組ませる危険物等取扱責任者の区分及び職務

区 分	職 務
甲種危険物等取扱責任者（低引火点燃料）	危険物又は有害物である燃料を供給する作業に関する計画の立案，当該作業の指揮監督，当該作業に関し必要な船外との通信連絡，当該燃料に係る保安の監督，火災その他の災害の発生時における応急措置の実施及びこれらの業務に関する記録の作成
乙種危険物等取扱責任者（低引火点燃料）	危険物又は有害物である燃料を供給する作業に関する現場における指揮監督，当該燃料に係る保安の監督，火災その他の災害の発生時における応急措置の実施及びこれらの業務に関する記録の作成

（2） 危険物等取扱責任者の認定（第２項）

国土交通大臣は，国土交通省令で定めるところにより危険物又は有害物の取扱いに関する業務を管理するために必要な知識及び能力を有すると認定した者に対し，その者の船員手帳に当該認定をした旨の証印をする。

「国土交通省令」は，危険物等取扱責任者の認定及び認定の申請について定めている。 （則第77条の６）

（３）　証印の抹消など（第３項）

国土交通大臣は，上記(２)の証印を受けている者が，その職務に関して法令違反をした場合には，当該証印を抹消することにより資格の取消しができることを定めている。

§1-43　特定海域運航責任者（第117条の４）

（１）　特定海域運航責任者の配乗（第１項）

船舶所有者は，特定海域を航行する船舶には，特定海域運航責任者（海域の特性に応じた運航に関する業務を管理すべき職務を有する者）として，次項(２)の規定により証印を受けている者を，国土交通省令で定めるところにより乗り組ませなければならない。（第１項）

1.　特定海域

海氷の状況その他の自然的条件により船舶の航行の安全の確保に支障を生じ，又は生じるおそれがあるため，その運航につき特別の知識及び技能が必要であると認められる海域として国土交通省令で定めるものをいう。（第１項本文かっこ書き）

具体的には，海洋汚染等及び海上災害の防止に関する法律施行令に規定する南極海域又は北極海域である。（則第77条の８）

2.　「国土交通省令で定めるところ」の特定海域運航責任者の乗組みに関する基準（則第77条の９）

特定海域を航行する船舶には，則第77条の９で定めるところにより，当該海域の海氷の状況に応じ，船長又は海員として，甲種特定海域運航責任者又は乙種特定海域運航責任者の資格の認定の証印を受けているものを乗り組ませなければならない。

3.　特定海域運航責任者の職務（則第77条の10）

区　分	職　務
甲種特定海域運航責任者	特定海域を安全に航行するための指揮監督，非常の場合における適切な措置の実施及びこれらの業務に関する記録の作成
乙種特定海域運航責任者	特定海域を安全に航行するための第77条の２の２第１項に定める職務（航海当直部員の職務）の指揮監督

（2）　特定海域運航責任者の認定（第2項）

国土交通大臣は，国土交通省令で定めるところにより海域の特性に応じた運航に関する業務を管理するために必要な知識及び能力を有すると認定した者に対し，その者の船員手帳に当該認定をした旨の証印をする。

「国土交通省令」は，特定海域運航責任者の認定及び認定の申請について定めている。（則第77条の11）

（3）　証印の抹消など（第3項）

国土交通大臣は，上記(2)の証印を受けている者が，その職務に関して法令違反をした場合には，当該証印を抹消することにより資格の取消しができることを定めている。

§1-44　救命艇手（第118条）

（1）　船舶所有者は，国土交通省令の定める船舶については，乗組員の中から国土交通省令の定める員数の救命艇手を選任しなければならない。（第1項）

（2）　救命艇手は，救命艇手適任証書を受有する者でなければならない。（第2項）

（3）　国土交通大臣は，以下に掲げる者に救命艇手適任証書を交付する。（第3項）

1. 国土交通省令の定めるところにより国土交通大臣の行なう試験に合格した者
2. 国土交通省令の定めるところにより国土交通大臣が前号に掲げる者と同等以上の能力を有すると認定した者

（4）　国土交通大臣は，次項の規定により救命艇手適任証書の返納を命ぜられ，その日から1年を経過しない者に対しては，救命艇手適任証書の交付を行わないことができる。（第4項）

（5）　国土交通大臣は，救命艇手が，その職務に関してこの船員法又は船員法に基づく命令に違反したときは，その救命艇手適任証書の返納を命ずることができる。（第5項）

（6）　前各項に定めるもののほか，救命艇手及び救命艇手適任証書に関し必要な事項は，国土交通省令でこれを定める。（第6項）

§1-45　旅客船の乗組員（第118条の2）

船舶所有者は，国土交通省令の定める旅客船には，国土交通省令の定めるところにより旅客の避難に関する教育訓練その他の航海の安全に関する教育訓練を修了した者以外の者を乗組員として乗り組ませてはならない。

（第118条の２）

「国土交通省令」の定めるところによる教育訓練　（則第77条の９）

（略）

§1-46　高速船の乗組員（第118条の3）

船舶所有者は，国土交通省令の定める高速船（最大速力が国土交通大臣の定める速力以上の船舶をいう。）には，国土交通省令の定めるところにより船舶の特性に応じた操船に関する教育訓練その他の航海の安全に関する教育訓練を修了した者以外の者を乗組員として乗り組ませてはならない。　（第118条の３）

1. 「国土交通省令」の定める高速船は，次に掲げるものとする。

（則第78条）

①　特定高速船（則第３条の３第１項第３号）

②　水中翼船及びエアクッション艇（特定高速船を除く。）

2. 「国土交通省令」の定める高速船に乗り組む船員の教育訓練

（略）　（則第78条の２）

〔注〕 高速船とは，最大速力が国土交通大臣の定める速力以上の船舶をいうが，それは，最大速力が次の算式で算定した値以上の船舶である。

$3.7V^{0.1667}$（メートル毎秒）

この場合において，Vは，計画喫水線における排水容積（立方メートル）。

（船舶安全法施行規則第13条の４第２項）

§1-47　船内苦情処理手続（第118条の4）

（１） 船舶所有者は，国土交通省令で定めるところにより，船内苦情処理手続を定めなければならない。　（第１項）

（２） 船舶所有者は，雇入契約が成立したときは，遅滞なく，船内苦情処理手続を記載した書面を船員に交付しなければならない。　（第２項）

（３） 船舶所有者は，船員から航海中に上記（１）の苦情の申出を受けた場合にあっては，船内苦情処理手続に定めるところにより，苦情を処理しなけれ

ばならない。 （第３項）

（４） 船舶所有者は，上記（１）の苦情の申出をしたことを理由として，船員に対して解雇その他の不利益な取扱いをしてはならない。 （第４項）

§1-48 外国船舶の監督（第120条の３）

（１） 外国船舶への立入検査（第１項）

国土交通大臣は，その職員に，外国船舶（一定のもの）が国内の港にある間，当該外国船舶に立ち入り，当該外国船舶の乗組員の労働条件等が2006年の海上の労働に関する条約に定める要件に適合しているかどうか及び当該外国船舶の乗組員が次に掲げる要件の全てに適合しているかどうかについて検査を行わせることができる。

1. STCW条約の航海当直の基準に従った航海当直を実施していること。
2. 操舵設備又は消防設備の操作その他の航海の安全の確保に関し国土交通省令で定める事項（則第78条の２の４）を適切に実施するために必要な知識及び能力を有していること。

（２） 外国船舶の航行停止等の処分等（第２項～第７項）

（略）

本条の規定は，STCW条約締約国が互いに監督し合うことにより，同条約（§12-11）の履行の実を挙げ，海難の続発や油の流出による海洋汚染を防止しようとするものである。加えて，非締約国の加盟を促すためのものである。

日本船舶も，外国の港においては，条約の定めにより，外国の監督を受けることになるので，前記の要件を満たすことに留意しなければならない。

第14章 罰則

（略）

練　習　問　題

問 船員法及び同法施行規則の「発航前の検査」の規定により，船長は，次のことについて，それぞれどのようなことを検査しなければならないか。

⑴　積載物の積付け　　⑵　喫水　　⑶　乗組員　　（四級，三級）

〔**ヒント**〕　§1-4

問 船員法の規定により，船長が甲板にあって自ら船舶を指揮しなければならない場合に該当しないものは，次のうちどれか。

⑴　船舶が狭い水道を通過する場合

⑵　航行中他船から信号があった場合

⑶　船舶が港を出入りする場合

⑷　荒天航行中船舶に危険のおそれがある場合　　（六級）

〔**ヒント**〕⑵　　§1-6

問 船長が自己の指揮する船舶を去ってはならないのは，いつからいつまでの間か。又，この間に船長が所用で船舶を去る必要があるときは，船長はどのようにしておかなければならないか。　　（五級）

練習問題への取り組みに当たって

海技士は，その資格のいかんにかかわらず，海事法規の規定を遵守すべきであることはいうまでもありません。

ところで，本書の練習問題は，各法令の理解が進むよう主として過去に出題された海技士国家試験問題を中心にまとめたものです。「はしがき」に続くページ（p. iii ～ p. iv）に示すとおり，国家試験においては，資格ごとに，試験範囲及び出題形式が定められており，また，基本的な事項について解答を求めるものもあれば，詳しい説明を要求されるものもあるなど，資格の上下により差異がみられます。受験する場合には，それに合わせ対策を講じておく必要があります。

例えば五級の資格取得を目指す人は，先ず六級の問題に当たってから五級の問題に取り組み，その後，四級へと挑戦してみて下さい。三級の資格を目指す人についても，下級の問題を順次こなしてから三級の問題に取り組むと，スムーズに解答ができるようになります。どの問題も，すべて自分の実力を映し出してくれる貴重な鏡です。

焦らず，一歩一歩着実に!!　ご健闘を祈ります。

〔ヒント〕 ① 荷物の船積み及び旅客の乗り込みのときから，荷物の陸揚げ及び旅客の上陸のときまで。

② 自分に代わって船舶を指揮すべき者にその職務を委任しておかなければならない。 （§1-7）

問 「船舶が衝突した場合における処置」について，次の問いに答えよ。

(1) 衝突したときは，船長は，どのような手段を尽くさなければならないか。

(2) (1)の手段を尽くし，かつ，どのようなことを相手船に告げなければならないか。

(3) (1)及び(2)を行わなくてもよいのは，どのようなときか。 （五級）

〔ヒント〕 (1) 互いに人命及び船舶の救助に必要な手段

(2) 船舶の名称，所有者，船籍港，発航港及び到達港

(3) 自己の指揮する船舶に急迫した危険があるとき （§1-9）

問 他船の遭難を知った船の船長は，やむを得ない事由で自船が遭難船の救助に行くことができないときは，どのようにしなければならないか。 （四級，三級）

〔ヒント〕 (1) 救助におもむくことができない旨を付近にある船舶に通報する。

(2) 他の船舶が救助におもむいていることが明らかでないときは，遭難船舶の位置その他救助のために必要な事項を海上保安機関又は救難機関（日本近海にあっては海上保安庁）に通報する。 （§1-10）

問 次の場合，船長はそれぞれどうしなければならないか，又はどうすることができるかを述べよ。（船員法）

(1) 船舶が港を出入するとき，船舶が狭い水路を通過するときその他船舶に危険のおそれがあるとき。

(2) 他の船舶の遭難を知ったとき。

(3) 海員が凶器，爆発又は発火しやすい物，劇薬その他の危険物を所持するとき。

(4) 海員が船内にある者の生命若しくは身体又は船舶に危害を及ぼすような行為をしようとするとき。 （五級）

〔ヒント〕 (1) 甲板にあって自ら船舶を指揮しなければならない。 （§1-6）

(2) 人命の救助に必要な手段を尽さなければならない。ただし，自己の指揮する船舶に急迫した危険がある場合及び国土交通省令の定める場合は，この限りでない。 （§1-10）

(3) その物を保管，放棄その他の処置をすることができる。 （§1-23）

(4) その海員に対し，その危害を避けるのに必要な処置をすることができる。（§1-23）

問 他船が遭難していることが分かっている場合でも，船舶が救助におもむかなくてもよいのは，どのような場合か。 （四級，五級）

〔ヒント〕 §1-10

問 無線電信又は無線電話の設備を有する船舶の船長は，航行に危険を及ぼすおそれのある暴風雨に遭遇したときは，その旨をどこに通報しなければならないか。又，通報しなければならない暴風雨の種類及び程度を述べよ。　（三級，四級，五級）

〔ヒント〕 ① 付近にある船舶及び海上保安機関（日本近海にあっては，海上保安庁）その他の関係機関
② 熱帯性暴風雨又はその他のビューフォート風力階級10以上の風を伴う暴風雨　（§1-11）

問 自動操舵装置の使用中，船長が遵守しなければならない事項について述べよ。　（四級，五級）

〔ヒント〕 §1-13（則第3条の15）

問 遠洋区域を航行区域とする貨物船の船長は，非常配置表に定めるところにより海員をその配置につかせるほか，どのような操練を実施しなければならないか。船員法施行規則に定める操練の種類をあげよ。　（三級，当直三級）

〔ヒント〕 ① 防火操練　② 救命艇等操練　③ 救助艇操練
④ 防水操練　⑤ 非常操舵操練　⑥ 密閉区画における救助操練
⑦ 損傷制御操練　（§1-12(2)）

問 船員法及び同法施行規則に関する次の問いに答えよ。

(1) 旅客船以外の船で，毎月1回海員に対する操練を実施しなければならないのは，どんな船か。

(2) 航行中に近寄ることが困難な場所にある舷窓及びそのふたについて，船長が船の水密を保持するとともに海員がこれを遵守するよう監督しなければならない事項を述べよ。　（三級）

〔ヒント〕 (1) ① 遠洋区域又は近海区域を航行区域とする船舶
② 専ら沿海区域において従業する漁船以外の漁船（§1-12の(1)の(1)，(2)の(2)）
(2) 発航前に水密に閉じ，かつ錠を付すべきものは錠を下ろし，航行中は開放しないこと。　（§1-13）

問 船長は，どのような書類を船内に備え置かなければならないか。（船員法及び同法施行規則）　（三級，四級，五級）

〔ヒント〕 ① 船舶国籍証書又は国土交通省令の定める証書（仮船舶国籍証書又は船籍票）
② 海員名簿　③ 航海日誌　④ 旅客名簿
⑤ 積荷に関する書類（積荷目録）
⑥ 海上運送法第26条第3項に規定する証明書（航海命令従事証明書）
（§1-18）

問 船員法及び同法施行規則に規定されている船長の職務及び権限に関する次の問いに答えよ。

(1)「書類の備置」の義務について：

(ア) 航海日誌は，いつからいつまで備え置かなければならないか。

(イ) 備え置かなければならない積荷に関する書類とは，何をいうか。

(2)「懲戒」の権限について：

(ア) 海員がどのような事項を守らないときに懲戒することができるか，1例をあげよ。

(イ) (ア)の場合の懲戒の種類を記せ。

(ウ) 懲戒しようとするとき立ち合わせる必要のある海員の数は，何人以上か。

(三級)

〔ヒント〕(1) (ア) 最後の記載した日から3年間

(イ) 積荷目録　(§1-18)

(2) (ア) 上長の職務上の命令に従うことを守らないとき

(イ) 上陸禁止，戒告

(ウ) 3人　(§1-22)

問 船舶に海難が発生した場合，船員法の規定により行う「航行に関する報告」において，船長が地方運輸局長等に報告書を提出するほか，提示しなければならない書類は，次のうちどれか。

(1) 海員名簿　(2) 旅客名簿　(3) 航海日誌　(4) 機関日誌　(六級)

〔ヒント〕(3) §1-19

問 船員法の「航行に関する報告」の規定により，船長が国土交通大臣に報告しなければならない場合を4つあげよ。(四級)

〔ヒント〕§1-19（6つあるが，いずれか4つ）

問 船長が船舶を指揮することができなくなった場合は，だれがその職務を代行するか。

(四級，五級)

〔ヒント〕§1-20

問 船内秩序を維持するため，海員は，「上長の命令に従うこと。」以外にどんなことを守らなければならないか，4つあげよ。(四級，五級)

〔ヒント〕① 職務を怠り，又は他の乗組員の職務を妨げないこと。

② 船長の指定するときまでに船舶に乗り込むこと。

③ 船長の許可なく船舶を去らないこと。

④ 船内において，争斗，乱酔その他粗暴の行為をしないこと。(§1-21)

問 船員法の規定により，海員が船内秩序を乱した場合，船長がとることができる懲戒の処置は，次のうちどれか。

(1) 上陸禁止　(2) 免職　(3) 強制下船　(4) 罰金　(六級)

〔**ヒント**〕(1)　　§1-22

問 船長は，海員や旅客が船内において危険な行為をした場合は，どのように処置することができるか。（四級，五級）

〔**ヒント**〕§1-23

問 船長は，海員が爆発又は発火しやすい物を所持するときは，どのような処置をすることができるか。（三級）

〔**ヒント**〕これらの危険物の保管，放棄その他の処置をすることができる。（§1-23）

問 船員手帳に関する次の問いに答えよ。

(1) 乗船中の船員手帳は，だれが保管しなければならないか。

(2) 船員手帳の書換えを申請しなければならないのは，どのようなときか。

(3) 船員手帳の有効期間は，何年間か。（当直三級，三級）

〔**ヒント**〕(1) 船長

(2) 船員手帳に余白がなくなったとき又は有効期間が経過したとき。

(3) 10年間（外国人は5年間）　（§1-27の5）

問 時間外労働の対象とならない作業を述べよ。（四級，五級）

〔**ヒント**〕§1-28〔**注**〕1.

問 夜間労働の禁止について，次の問いに答えよ。

(1) 禁止の対象になるのは，どんな船員か。

(2) 適用時間は，何時から何時までの間か。

(3) 夜間労働の禁止規定が適用されないのは，どんな船か。（五級）

〔**ヒント**〕(1) 年齢18年未満の船員又は妊産婦の船員

(2) 午後8時から翌日の午前5時まで

(3) ① 船舶所有者と同一の家庭に属する者のみを使用する船舶

② 漁船（年齢18年未満の船員に限る。）　（§1-36，§1-37）

問 年少船員の夜間労働の禁止については，どのように規定されているか。（四級，五級）

〔**ヒント**〕§1-36

問 船員法の「船員の申告」について，次の問いに答えよ。

(1) 船員は，どのような場合に，誰に対して申告を行うことができるか。

(2) この申告の制度を設けた理由を述べよ。（四級，三級）

〔**ヒント**〕(1) ① 船員法，労働基準法又は船員法に基づいて発する命令に違反する事実がある場合

② 国土交通大臣，地方運輸局長（運輸監理部長を含む。）運輸支局長，船員労務官又は船員労働委員会　（§1-40(1)）

(2) §1-40(2)

船員労働安全衛生規則

§1-51 船員労働安全衛生規則の趣旨（規則第１条）

船員労働安全衛生規則は，船員法に基づいて制定された国土交通省令であって，船内作業による危害の防止及び船内衛生の保持に関し，船舶所有者のとるべき措置及びその基準並びに船員の遵守するべき事項を定めたものである。

§1-52 船長による統括管理（規則第１条の２）

船舶所有者は，船内における安全及び衛生に関する事項に関し船長に統括管理させ，かつ，安全担当者，消火作業指揮者，衛生担当者その他の関係者の間の調整を行わせなければならない。

§1-52の2 船内安全衛生委員会（規則第１条の３）

（１） 船員が常時５人以上である船舶の船舶所有者は，次に掲げる事項を船内において調査審議させ，船舶所有者に対し意見を述べさせるため，船内安全衛生委員会を設けなければならない。（第１項）

1. 船内における安全管理，火災予防及び消火作業並びに衛生管理のための基本となるべき対策に関すること。
2. 発生した火災その他の災害並びに負傷及び疾病の原因並びに再発防止対策に関すること。
3. その他船内における安全及び衛生に関する事項

（２） 船内安全衛生委員会の委員の構成（第２項，第３項）

1. 船長（委員長）
2. 各部の安全担当者
3. 消火作業指揮者
4. 医師，衛生管理者又は衛生担当者

【試験細目】

三級，四級，五級，当直三級	船員労働安全衛生規則	筆記・口述
六級	同上	筆記・（口述）

5. 船内の安全に関し知識又は経験を有する海員のうちから船舶所有者が指名した者
6. 船内の衛生に関し知識又は経験を有する海員のうちから船舶所有者が指名した者

（3） 船舶所有者は，上記(2)の5.及び6.の委員には，海員の過半数を代表する者の推薦する者が含まれるようにしなければならない。

（4） 船舶所有者は，船内安全衛生委員会が上記(1)の規定により当該船舶所有者に対し述べる意見を尊重しなければならない。

§1-53 安全担当者の業務（規則第5条）

船舶所有者は，次に掲げる事項を，安全担当者に行わせなければならない。

1. 作業設備及び作業用具の点検及び整備に関すること。
2. 安全装置，検知器具，消火器具，保護具その他危害防止のための設備及び用具の点検及び整備に関すること。
3. 作業を行う際に危険な又は有害な状態が発生した場合，又は発生するおそれのある場合の適当な応急措置又は防止措置に関すること。
4. 発生した災害の原因の調査に関すること。
5. 作業の安全に関する教育及び訓練に関すること。
6. 安全管理に関する記録の作成及び管理に関すること。

§1-54 安全担当者の改善意見の申出等（規則第6条）

（1） 改善意見の申出（第1項）

安全担当者は，船長を経由し，船舶所有者に対して，作業設備，作業方法などについて安全管理に関する改善意見を申し出ることができる。

この場合において，船長は，必要と認めるときは，当該改善意見に自らの意見を付すことができる。

（2） 意見の尊重（第2項）

船舶所有者は，(1)の申出があった場合は，その意見を尊重しなければならない。

§1-55 消火作業指揮者の業務（規則第6条の3）

船舶所有者は，次に掲げる事項を消火作業指揮者に行わせなければならない。

1.　消火設備及び消火器具の点検及び整備に関すること。
2.　火災が発生した場合の消火作業の指揮に関すること。
3.　発生した火災の原因の調査に関すること。
4.　火災の予防に関する教育並びに消火作業に関する教育及び訓練に関すること。

§1-56　消火作業指揮者の改善意見の申出等（規則第6条の4）

（1）　改善意見の申出（第1項）

消火作業指揮者は，船長を経由し，船舶所有者に対して消火設備，消火作業に関する訓練等について火災予防及び消火作業に関する改善意見を申し出ることができる。この場合において，船長は，必要と認めるときは，当該改善意見に自らの意見を付すことができる。

（2）　意見の尊重（第2項）

船舶所有者は，（1）の申出があった場合は，その意見を尊重しなければならない。

§1-57　衛生担当者の業務（規則第8条）

船舶所有者は，次に掲げる事項を，衛生担当者に行わせなければならない。

1.　居住環境衛生の保持に関すること。
2.　食料及び用水の衛生の保持に関すること。
3.　医薬品その他の衛生用品，医療書，衛生保護具などの点検及び整備に関すること。
4.　負傷又は疾病が発生した場合における適当な救急措置に関すること。
5.　発生した負傷又は疾病の原因の調査に関すること。
6.　衛生管理に関する記録の作成及び管理に関すること。

§1-58　衛生担当者の改善意見の申出等（規則第9条）

（1）　改善意見の申出（第1項）

衛生担当者は，船長を経由し，船舶所有者に対して，衛生設備，居住環境等について衛生管理に関する改善意見を申し出ることができる。

この場合において，船長は，必要と認めるときは，当該改善意見に自らの意見を付すことができる。

（2）　意見の尊重（第2項）

船舶所有者は，（1）の申出があった場合は，その意見を尊重しなければならない。

§1-59　安全衛生に関する教育及び訓練（規則第11条）

（1）　安全衛生に関する教育（第1項）

船舶所有者は，次に掲げる事項について，船員に教育を施さなければならない。

1. 船内の安全及び衛生に関する基礎的事項
2. 船内の危険な又は有害な作業についての作業方法
3. 保護具，命綱，安全ベルト及び作業用救命衣の使用方法
4. 船内の安全及び衛生に関する規定を定めた場合は，当該規定の内容
5. 乗り組む船舶の設備及び作業に関する具体的事項

（2）　安全衛生に関する訓練（第2項）

液体化学薬品タンカー又は液化ガスタンカーの船舶所有者は，船員に，①貨物の取扱方法，②保護具の使用方法並びに③貨物の漏えい，流出及び火災その他の非常の際における措置に関する訓練を実施しなければならない。

§1-60　船員の遵守事項（規則第16条）

（1）　禁止行為の遵守（第1項）

船員は，自らも，安全衛生上，次に掲げる行為をしてはならない。

1. 防火標識又は禁止標識（規則第24条）のある次の箇所における当該標識に表示された禁止行為をしてはならない。（第1項第1号）

① 危険物又は国土交通大臣の指定する常用危険物の積載場所の見やすい箇所

② 消火器具置場，墜落の危険のある開口，高圧電路の露出箇所，担架置場など船内の必要な箇所

〔**注**〕 1. 危険物とは，①危険物船舶運送及び貯蔵規則第2条第1号に掲げる危険物（同条第2号に掲げる常用危険物を除く。）及び②同条第1号の2に掲げるばら積み液体危険物をいう。　（規則第24条第1項）

2. 国土交通大臣の指定する常用危険物として，次のものが定められている。
（昭和54年運輸省告示第546号）

① 高圧容器内のアセチレン，メタン，プロパン炭酸ガス及び酸素
② 高圧容器内の冷凍用冷媒（炭酸ガスを除く。）
③ 引火点が摂氏61度以下の機関用燃料（船体構造の一部を形成するタンク内にあるものを除く。）
④ 引火点が摂氏61度以下のペイント類

2. 次の表に掲げる作業の一定の場所における火気の使用又は喫煙をしてはならない。 （第１項第２号）

作 業	火気の使用又は喫煙の禁止場所
① 火薬類を取り扱う作業	作業場所（規則第46条）
② 塗装作業及び塗装剥離作業	作業場所（同第47条）
③ 溶接作業，溶断作業及び加熱作業	アセチレン発生器の付近（同第48条）
④ 引火性液体類等〔注〕に係る作業	船内（同第69条第１項）

〔**注**〕 引火性液体類等とは，危険物船舶運送及び貯蔵規則第２条第１号に掲げる引火性液体類又は引火性若しくは爆発性の蒸気を発する物質をいう。
（規則第３条第２項）

（２） 一定の作業における保護具の使用（第２項）

船員は，次に掲げる作業において保護具の使用を命ぜられたときは，当該保護具を使用しなければならない。

作 業	保 護 具
1．人体に有害な塗装作業及び塗装剥離作業 （規則第47条第２項）	マスク，保護手袋その他の必要な保護具
2．溶接作業，溶断作業及び加熱作業 （同第48条）	保護眼鏡，保護手袋
3．危険物などの検知作業（同第49条）	呼吸具，保護眼鏡，保護衣，保護手袋その他の必要な保護具
4．有害気体が発生するおそれのある場所などで行う作業 （同第50条）	呼吸具，保護眼鏡，保護衣，保護手袋その他の必要な保護具
5．高所作業（床面から２m以上で墜落のおそれのある場所） （同第51条第１項）	保護帽
6．高熱物の付近で行う作業 （同第53条）	防熱性の手袋，保護衣その他の必要な保護具

作　　業	保　護　具
7．重量物（ドラム缶など）移動作業（同第54条）	保護靴，保護帽その他の必要な保護具
8．揚貨装置を使用する作業（同第55条）	保護帽その他の必要な保護具
9．係留作業（同第56条）	保護帽その他の必要な保護具
10．漁ろう作業 { 釣ざお漁ろう作業 漁具の投揚作業 }（同第57条）	保護帽，保護面その他の必要な保護具 ゴム長靴その他の必要な保護具
11．感電のおそれのある作業（同第58条）	絶縁用のゴム手袋，ゴム長靴その他の必要な保護具
12．さび落とし作業及び工作機械を使用する作業（同第59条）	保護眼鏡その他の必要な保護具
13．粉じんを発散する場所で行う作業（同第60条）	防じん性の呼吸具，保護眼鏡その他の必要な保護具
14．高温状態で熱射又は日射を受けて行う作業（炎天下の甲板作業，ボイラーをたく作業など）（同第61条）	天幕類，保護帽，保護眼鏡，保護衣，保護手袋など熱射又は日射による障害から防護するために必要な保護具
15．水又は湿潤な空気にさらされて行う作業（タンク内の水洗作業など）（同第62条）	保護帽，防水衣，防水手袋，長靴など脱温又は皮膚の湿潤による障害から保護するために必要な保護具
16．低温状態で行う作業（寒冷地域での甲板作業，冷凍庫内作業など）（同第63条）	防寒帽，防寒衣，防寒手袋など低温による障害から防護するために必要な保護具
17．騒音又は振動の激しい作業（高速機械の運転など）（同第64条）	耳せん，保護手袋など騒音又は振動による障害から防護するために必要な保護具
18．倉口開閉作業（同第65条第１項）	保護帽，すべり止めのついた保護靴
19．船倉内作業（同第66条第１項）	保護帽，すべり止めのついた保護靴その他の必要な保護具
20．機械類の修理作業（同第67条）	保護帽，保護靴その他の必要な保護具
21．着氷除去作業（同第68条第１項）	保護帽，すべり止めのついた保護靴その他の必要な保護具
22．引火性液体類等に係る作業（同第69条第１項）	保護帽，すべり止めのついた保護靴その他の必要な保護具

作 業	保 護 具
23. 貨物の消毒のためのくん蒸（緊急を要する場合等で船員が行うとき）（同第71条第2項）	呼吸具，保護手袋その他の必要な保護具
24. ねずみ族及び虫類の駆除のためのくん蒸（同第72条）	呼吸具，保護手袋その他の必要な保護具
25. 四アルキル鉛を積載している場合の漏洩防止作業，ドラム缶等投棄作業，汚染除去作業又は検知作業（同第73条）	有機ガス用防毒マスク，不浸透性の保護衣，保護帽，保護手袋，保護前掛け及び保護靴並びにその他の必要な保護具

（3） 一定の作業における命綱，安全ベルト又は作業用救命衣の使用（第3項）

船員は，次に掲げる作業において命綱，安全ベルト又は作業用救命衣の使用を命ぜられたときは，当該命綱，安全ベルト又は作業用救命衣を使用しなければならない。

作 業	用 具
1．高所作業（規則第51条第1項）	命綱又は安全ベルト
2．舷外作業（同第52条第1項）	命綱又は作業用救命衣
3．漁ろう作業（甲板上で作業を行う場合）（同第57条第1項）	命綱又は作業用救命衣
4．船倉内作業（同第66条第1項）	命綱又は安全ベルト
5．着氷除去作業（同第68条第1項）	命綱又は安全ベルト

§1-61 燃え易い廃棄物の処理（規則第22条）

船舶所有者は，油の浸みた布ぎれ，木くずその他の著しく燃え易い廃棄物は，防火性のふた付きの容器に収める等これを安全に処理しなければならない。

〔注〕 1. 管系統の表示

船内の管系及び電路の系統の種別を，識別標識（告示）により表示する。

① 次表の管系の管（安全上必要な箇所）…表の識別色をリング状に表示

清水管系……青	海水管系……緑	燃料油管系……赤	潤滑油管系……黄
蒸気管系……銀色	圧縮空気管系……ねずみ色		ビルジ管系……黒

② 消火用管系のバルブのボディ……赤で塗装

③ 電路（安全上必要な箇所）………電圧を赤で表示

（昭和39年運輸省告示第490号）

2.　安全標識等（則第24条）

①　危険物又は国土交通大臣の指定する常用危険物を積載する場所の見やすい箇所に，「安全標識」（日本産業規格Z9104）に定める防火標識，禁止標識又は警告標識を施す。

②　上記①のほか，消火器具置場，墜落の危険のある開口，担架置場，高圧電路の露出箇所など船内の必要な箇所に，「安全標識」に定める防火標識，禁止標識，警告標識，安全状態標識又は指示標識を適宜施す。

③　次の箇所に，夜光塗料を用いて，方向標識又は指示標識を施す。

㋑　①及び②の箇所のうち必要と認めるもの

㋺　非常の際に脱出する通路，昇降設備及び出入口

㋩　消火器具置場

ただし，非常照明装置が設けられている箇所については，夜光塗料を用いなくてよい。

（備考）　安全標識は，使用する目的によって次の7種類に分けられている。

（JIS Z9104）

(1)　禁止標識	危険な行動を禁止するために用いる。
(2)　指示標識	作業に関する指示又は修理・故障の場合の表示に用いる。
(3)　警告標識	危険な箇所及び行為の警告，安全義務を怠る行動又は不注意によって，危険が起こるおそれがあることに注意を促すために用いる。
(4)　安全状態標識	安全・衛生意識の高揚，救護に関する情報提供，非常口，避難場所などの表示に用いる。
(5)　防火標識	火災発生のおそれがある場所，引火又は発火のおそれがあるもの，及びその所在位置並びに防火・消火の設備があるのを示すのに用いる。
(6)　放射能標識	放射能による被爆のおそれがある場合に用いる。
(7)　補助標識	標識の主要な目的を更に明確にするために，補助情報を提供する標識。方向を示す矢印も含まれる。

§1-62　清水の積み込み及び貯蔵（規則第38条）

船舶所有者は，清水を積み込む場合は，清浄なものを積み込まなければならず，かつ，これを衛生的に積み込み，及び保つために，次に掲げる措置を講じなければならない。

1.　清水の積み込み前には，元せん及びホースを洗浄すること。

2.　清水用の元せん及びホースは，専用のものとすること。

3.　清水用の元せんにはふたをつけ，ホースは清潔な場所に保管すること。
4.　清水タンクに使用する計量器具は，専用のものとし，かつ，清潔に保存すること。
5.　飲用水のタンクで内部がセメント塗装のものは，貯蔵する清水を清浄に保ちうる状態まであく抜きをすること。
6.　その他清水を衛生的に保つための必要な措置

§1-63　個別作業基準が定められている作業（規則第46条～第70条）

船舶所有者が，次に掲げる作業を行わせる場合は，一定の措置を講じなければならない。（どんな措置を講ずるかは，下記1. の作業について規定をあげたが，2. ～24. の作業については条文を参照のこと。）

1.　火薬類を取扱う作業（規則第46条）

　船舶所有者は，もり銃への火薬の装てん等火薬類を取り扱う作業（火薬類の荷役作業を除く。）を行わせる場合は，次に掲げる措置を講じなければならない。

①　作業場所における火気の使用及び喫煙を禁止すること。
②　作業場所に燃え易い物を置かないこと。
③　作業場所の床面にマットレスを敷くなどにより，衝撃を防止すること。
④　作業場所においては，火花を発し，又は高温となって点火源となるおそれのある器具を使用しないこと。
⑤　作業に従事する者以外の者をみだりに作業場所に近寄らせないこと。

2.　塗装作業及び塗装剥（はく）離作業（同第47条）
3.　溶接作業，溶断作業及び加熱作業（同第48条）
4.　危険物等の検知作業（同第49条）
5.　有害気体が発生するおそれのある場所等で行う作業（同第50条）
6.　高所作業（同第51条）
7.　舷外作業（同第52条）
8.　高熱物の付近で行う作業（同第53条）
9.　重量物移動作業（同第54条）
10.　揚貨装置を使用する作業（同第55条）
11.　揚投錨作業及び係留作業（同第56条）
12.　漁ろう作業（同第57条）

13. 感電のおそれのある作業（同第58条）
14. さび落とし作業及び工作機械を使用する作業（同第59条）
15. 粉じんを発散する場所で行う作業（同第60条）
16. 高温状態で熱射又は日射を受けて行う作業（同第61条）
17. 水又は湿潤な空気にさらされて行う作業（同第62条）
18. 低温状態で行う作業（同第63条）
19. 騒音又は振動の激しい作業（同第64条）
20. 倉口開閉作業（同第65条）
21. 船倉内作業（同第66条）
22. 機械類の修理作業（同第67条）
23. 着氷除去作業（同第68条）
24. 引火性液体類等に係る作業（同第69条）

〔**注**〕 (1) 「連続作業時間の制限等」について，大要次の規定がある。（同第70条）

① 船舶所有者は，急速冷凍方式による冷凍庫内における作業など一定の作業を行わせる場合は，連続作業時間を2時間以内に制限しなければならない。

② 船舶所有者は，前述の16.，17.，18.，19.，23.又は24.の作業を行わせる場合は，気温，作業強度，従事者の疲労度，障害のおそれの程度等に応じて，十分な休息を与えるための措置を講じなければならない。

(2) 個別作業基準が定められている前述の作業のうち，船舶所有者が船体の動揺又は風速が著しく大である場合に，緊急の場合を除き，行わせてはならない作業は，次のとおりである。

① 墜落のおそれのある高所作業（規則第51条第2項）
② 舷外作業（規則第52条第2項）
③ 甲板上での漁ろう作業（規則第57条第2項）
④ 着氷除去作業（規則第68条第2項）

練 習 問 題

問 次の文のうち，船員労働安全衛生規則上，正しいものはどれか。

⑴ 少なくとも 1 年に 1 回，飲用水に含まれる遊離残留塩素の含有率についての検査を行わなければならない。

⑵ 動力さび落とし機を使用する作業には年齢18年未満の船員は従事できない。

⑶ 船内の燃料パイプ等の管系は，各社又は各船ごとに識別基準を定めて表示することができる。

⑶ 発生した災害の原因の調査に関することは，衛生担当者の業務の 1 つである。

（五級）

〔**ヒント**〕 ⑵ （規則第74条第 4 号。§1-35(２)）

〔**注**〕 ほかは誤りで，⑴は1月に 1 回（規則第40条の 2 第 3 項），⑶は告示で定められている（§1-61〔**注**〕1.），⑷は安全担当者の業務（§1-53）が正しい。

問 次の(A)と(B)は船員労働安全衛生規則に規定する安全担当者の業務を述べたものである。それぞれの正誤を判断し，下の⑴～⑷のうちからあてはまるものを選べ。

(A) 衛生管理に関する記録の作成を行う。 (B) 危害防止のための用具の点検を行う。

⑴ (A)は正しく，(B)は誤っている。 ⑵ (A)も(B)も正しい。

⑶ (A)は誤っていて，(B)は正しい。 ⑷ (A)も(B)も誤っている。 （六級）

〔**ヒント**〕 ⑶ §1-53

問 船員労働安全衛生規則の「安全担当者の業務」について次の文の[ ]内にあてはまる語句を番号とともに記せ。

船舶所有者は，次に掲げる事項を，安全担当者に行わせなければならない。

1. 作業設備及び[⑴]の点検及び整備に関すること。
2. 安全装置，検知器具，消火器具，[⑵]その他危険防止のための設備及び用具の点検及び整備に関すること。
3. 作業を行う際に危険な又は有害な状態が発生した場合又は発生するおそれのある場合の適当な応急措置又は防止措置に関すること。
4. 発生した災害の[⑶]の調査に関すること。
5. 作業の安全に関する[⑷]に関すること。
6. 安全管理に関する記録の作成及び管理に関すること。 （四級）

〔**ヒント**〕 ⑴ 作業用具 ⑵ 保護具 ⑶ 原因 ⑷ 教育及び訓練

（§1-53）

問 船員労働安全衛生規則に規定された安全担当者の業務に該当しないものは，次のうちどれか。番号で答えよ。

(1) 発生した災害の原因の調査に関すること。
(2) 作業設備及び作業用具の点検及び整備に関すること。
(3) 居住環境衛生の保持に関すること。
(4) 作業の安全に関する教育及び訓練に関すること。（四級）

〔**ヒント**〕(3)　§1-53

問 船員労働安全衛生規則に定める安全担当者は，次に掲げる事項のほかどのようなことを行わなければならないか。2つあげよ。

① 作業設備及び作業用具の点検及び整備に関すること。
② 作業の安全に関する教育及び訓練に関すること。（三級）

〔**ヒント**〕§1-53

問 安全担当者は，安全管理上どのようなことについて改善意見を申し出ることができるか。又，この場合の申出手続きはどのようにするか。（四級）

〔**ヒント**〕(1) 作業設備，作業方法など。
(2) 船長を経由し，船舶所有者に対して申し出る。(§1-54)

問 消火作業指揮者の業務は，どんな法令に定められているか。また，どのような業務を行うか，2つあげよ。（四級，五級）

〔**ヒント**〕(1) 船員労働安全衛生規則
(2) §1-55（規則第6条の3）

問 船舶所有者は，「火災が発生した場合の消火作業の指揮に関すること。」のほか，どのような事項を，消火作業指揮者に行わせなければならないか。2つあげよ。（三級）

〔**ヒント**〕§1-55

問 衛生担当者は，その業務として船内の「居住環境衛生の保持に関すること。」のほか，どのような業務を行わなければならないか。3つあげよ。（三級）

〔**ヒント**〕§1-57

問 船舶所有者は，「船内の安全及び衛生に関する基礎的事項」のほか，どのような事項について船員に安全衛生教育を施さなくてはならないか。3つあげよ。（三級）

〔**ヒント**〕§1-59

問 船員労働安全衛生規則によると，どのような作業を「高所作業」としているか。次のうちから選べ。

(1) 床面から2メートル以上の高所で行う作業
(2) 水面から2メートル以上の墜落のおそれのある高所で行う作業
(3) 水面から2メートル以上の高所で行う作業
(4) 床面から2メートル以上の墜落のおそれのある高所で行う作業（六級）

〔**ヒント**〕 (4) §1-60(2)

問 船舶所有者は，船内で「溶接作業，溶断作業及び加熱作業」を行うとき，作業に従事する者に，どのような保護具を使用させなければならないか。 (五級)

〔**ヒント**〕 保護眼鏡，保護手袋（§1-60(2)）

問 次の「高所作業」の規定に関する□の中に当てはまる語句をそれぞれ選べ。

船舶所有者は，床面から[(1)]以上の高所であって墜落のおそれのある場所における作業を行わせる場合は，作業に従事する者に[(2)]及び命綱又は安全ベルトを使用させる措置を講じなければならない。

(1) (ア) 2メートル (イ) 3メートル (ウ) 4メートル (エ) 5メートル

(2) (ア) 保護靴 (イ) 保護帽 (ウ) 保護手袋 (エ) 保護衣 (四級)

〔**ヒント**〕 (1) (ア) (2) (イ) (§1-60(2)，(3))

問 舷外に身体の重心を移して行う作業に従事する者が，作業中の危険防止のために使用を命ぜられたときは，どのような用具を使用しなければならないか。 (四級)

〔**ヒント**〕 命綱又は作業用救命衣 (§1-60(3))

問 船員は，船内の高所において作業を行う場合は，保護帽を着用するほか，危害防止のため命ぜられたときは，どんなものを使用しなければならないか。 (四級)

〔**ヒント**〕 命綱又は安全ベルト (§1-60(3))

問 次の文の□内にあてはまる語句を，記号とともに記せ。

(1) 船長は，自己の指揮する船舶に急迫した危険があるときは[(ア)]の救助並びに船舶及び[(イ)]の救助に必要な手段を尽くさなければならない。

(2) 船舶所有者は，[(ウ)]布ぎれ，木くずその他の著しく燃え易い廃棄物は，[(エ)]のふた付きの容器に収める等これを安全に処理しなければならない。(船員労働安全衛生規則)

(五級)

〔**ヒント**〕 (ア) 人命 (イ) 積荷 (ウ) 油の浸みた (エ) 防火性

(§1-8，§1-61)

問 船員労働安全衛生規則の規定によれば，油の浸みた布ぎれ，木くずその他の著しく燃え易い廃棄物は，どのように処理しなければならないか。 (四級)

〔**ヒント**〕 防火性のふた付きの容器に収める等安全に処理をする。 (§1-61)

問 次の(A)と(B)は船員労働安全衛生規則に規定する清水の積込みに関して述べたものである。それぞれの正誤を判断し，下の(1)～(4)のうちからあてはまるものを選べ。

(A) 清水用の元せん及びホースは専用のものにすること。
(B) 元せん及びホースは使用前に洗浄すること。

(1) (A)は正しく，(B)は誤っている。 (2) (A)も(B)も正しい。

(3) (A)は誤っていて，(B)は正しい。 (4) (A)も(B)も誤っている。 (六級)

〔**ヒント**〕 (2) §1-62

問 船員労働安全衛生規則に定める「清水の積み込み及び貯蔵」に関し，次の問いに答えよ。

(1) 清水用の元せん及びホースは，どのように使用・保管しなければならないか。

(2) あく抜きは，どのようなタンクについて，どの程度行わなければならないか。

（三級）

〔**ヒント**〕 (1) 積み込み前に洗浄し，専用のものを使用する。元せんにはふたを付け，ホースは清潔な場所に保管する。

(2) 飲用水のタンクで内部がセメント塗装のものについては，貯蔵する清水を清浄に保ちうる状態の程度にあく抜きする。　（§1-62）

問 船体の動揺又は風速が著しく大である場合は，船舶所有者は，船員にどんな作業を行わせてはならないか。2つあげよ。（三級）

〔**ヒント**〕 ① 墜落のおそれのある高所作業（規則第51条第2項）

② 甲板上での漁ろう作業（規則第57条第2項）　（§1-63〔**注**〕(2)）

問 船舶所有者が，危険物の状態又は人体に有害な気体若しくは酸素の量を検知する作業を行わせる場合に講じなければならないことについて述べた次の文のうち，<u>誤っている</u>ものはどれか。

(1) 検知器具の作動状態を点検すること。

(2) 必ずその場所に立ち入って検知作業を行うこと。

(3) 当該作業に従事する者との連絡のための看視員を配置すること。

(4) 呼吸具その他必要な保護具を使用させること。（三級）

〔**ヒント**〕 (2) 規則第49条。　（§1-63）

問 船員労働安全衛生規則第49条（危険物等の検知作業）に関する次の問いに答えよ。

(1) 船倉，密閉された区画等危険物が存在し，若しくは存在した場所又は人体に有害な状態が存するおそれがある場所にやむを得ず立ち入る場合，作業に従事する者にどのような保護具を使用させなければならないか。

(2) 作業に従事する者が頭痛，めまい，吐き気等身体の異常を訴えた場合，どのような処置を講じなければならないか。（三級）

〔**ヒント**〕 規則第49条第3項～第5項。　（§1-63）

（参考）　領海及び接続水域に関する法律（昭和52年法律第30号）

この法律は，二級海技士以上の海技試験に課せられるものであるが，その概要を簡単に述べると，次のとおりである。

（1）　領海の範囲（第1条）

我が国の領海は，基線（低潮線，直線基線及び湾口若しくは湾内又は河口に引かれる直線。細部は政令。）からその外側**12海里**の線までの海域とする。

ただし，上記の12海里の線が，基線から測定して中間線（日本と外国との間が狭まっているときの両基線からの距離の等しい線）を超えているときは，その超えている部分については，中間線とする。

この領海は，当然のことながら，我が国の領域の一部をなすものである。

（2）　接続水域（第4条）

我が国の接続水域は，基線からその外側**24海里**の線（中間線を超えているときは，（1）と同様に，その超えている部分については，中間線とする。）までの海域（領海を除く。）とする。

この接続水域は，国連海洋法条約第33条第1項の定めにより，我が国の領域における通関，財政，出入国管理及び衛生に関する法令に違反する行為の防止及び処罰のために必要な措置を執る水域として設けられたものである。

（3）　特定海域に係る領海の範囲（附則）

次に掲げる海域（特定海域）については，当分の間，上記（1）の規定は適用せず，特定海域に係る領海は，それぞれ，範囲を基線からその外側**3海里**の線及びこれと接続して引かれる線までの海域（細部は政令）とする。

①　宗谷海峡　　②　津軽海峡　　③　対馬海峡東水道
④　対馬海峡西水道　　⑤　大隅海峡

なお，これらの海域にそれぞれ隣接し，かつ，船舶が通常航行する経路からみて，これらの海域とそれぞれ一体をなすと認められる海域を含めて，特定海域である。

〔**注**〕　この法律に関連して，排他的経済水域及び大陸棚に関する法律（平成8年法律第74号）がある。

第２編　船舶職員及び小型船舶操縦者法

船舶職員及び小型船舶操縦者法並びに同法施行令及び同法施行規則

第１章　総　　則

§2-1　船舶職員及び小型船舶操縦者法の目的（第１条）

船舶職員及び小型船舶操縦者法は，①船舶職員として船舶に乗り組ませるべき者の資格並びに②小型船舶操縦者として小型船舶に乗船させるべき者の資格及び遵守事項等を定め，もって船舶の航行の安全を図ることを目的としている。

本法の規定には，次に掲げる事項も盛り込まれている。

1.　人命及び財産の安全の増進並びに海洋環境の保護を目的とする「船員の訓練及び資格証明並びに当直の基準に関する国際条約（1995年改正等を含む。）」（STCW条約）に定める知識・技能に関する国際基準に準拠。
2.　技術革新に伴う船員制度の近代化及びその後の混乗方式に対応。
3.　船舶職員法の従来の船舶職員から小型船舶操縦者を分離し，小型船舶操縦者の資格等を改め，また，その遵守事項等を定めている。

§2-2　船舶職員（第２条）

「船舶職員」とは，船舶において，船長の職務を行う者（小型船舶操縦者を除く。）並びに航海士，機関長，機関士，通信長及び通信士の職務を行う者をいう。

この船舶職員には，運航士（§2-3）を含むものとする。

（第２条第２項・第３項）

§2-3　運航士（第２条）

「運航士」とは，船舶の設備その他の事項に関し国土交通省令（船舶職員及び

【試験細目】

三級，四級，五級，当直三級	船舶職員及び小型船舶操縦者法並びに同法施行令及び同法施行規則	口述のみ
六級	同上	筆記・（口述）

小型船舶操縦者法施行規則）で定める基準に適合する船舶（近代化船）において次の各号の１に掲げる職務を行う者をいう。なお，運航士のことをワッチオフィサー（Watch Officer，W/O）と呼んでいる。

① 航海士の行う船舶の運航に関する職務のうち政令（船舶職員及び小型船舶操縦者法施行令）で定めるもののみを行う職務（１号職務）
② 機関士の行う機関の運転に関する職務のうち政令で定めるもののみを行う職務（２号職務）
③ 前二号に掲げる職務を併せ行う職務（３号職務）
④ 航海士の職務及び第２号に掲げる職務を併せ行う職務（４号職務）
⑤ 機関士の職務及び第１号に掲げる職務を併せ行う職務（５号職務）

（第２条第３項）

運航士の制度は，船員制度の近代化の一環として新しく設けられたもので，一定の設備等の基準を満足したいわゆる「近代化船」において，当直業務を中心とする一定の職務を行う船舶職員である。

甲板部・機関部・無線部の間の縦割りの壁及び職員・部員の間の横割りの壁をかなりの範囲において取り払おうとするものである。

（１） 運航士が乗り組む「近代化船」の基準（則第２条の２）（略）（条文参照のこと）

（２） 運航士の職務（令第１条第１項～第２項）（略）（条文参照のこと）

〔注〕 本法適用の「船舶」は，原則として，すべての日本船舶及び日本人が裸借りした外国籍の船舶である。これは，STCW条約の定める「旗国主義」を受けて，従来適用を除外されていた「外国人に裸貸しした日本船舶」にも拡大適用されることになったものである。（第２条第１項）

§2-4　小型船舶操縦者（第２条）

「小型船舶操縦者」とは，小型船舶の船長をいう。

その「小型船舶」とは，次に掲げる船舶をいう。

1. 総トン数20トン未満の船舶
2. 一人で操縦を行う構造の船舶であってその運航及び機関の運転に関する業務の内容が総トン数20トン未満の船舶と同等であるものとして国土交通省令で定める総トン数20トン以上の船舶　（第２条第４項）

「国土交通省令で定める総トン数20トン以上の船舶」は，次に掲げる船舶であって長さ24メートル未満の船舶である。

① スポーツ又はレクリエーションの用のみに供する船舶であって国土交通大臣が告示（平成15年国土交通省告示第651号）で定める基準に適合すると認められるもの

② 次に掲げる基準に適合する漁船であって，その用途，航海の態様，機関等の設備の状況その他のその航行の安全に関する事項を考慮して国土交通大臣が告示（同上）で定める基準に適合すると認められるもの

イ．沿海区域の境界からその外側80海里以遠の水域を航行しないものであること。

ロ．総トン数80トン未満のものであること。

ハ．出力750キロワット未満の推進機関を有するものであること。

（則第２条の７）

§2-5　海技士及び小型船舶操縦士（第２条）

（１）「海技士」とは，海技免許（第４条）を受けた者をいう。（第２条第５項）

（２）「小型船舶操縦士」とは，操縦免許（第23条の２）を受けた者をいう。

（第２条第６項）

第２章　船舶職員

§2-6　海技士の免許（第４条）

（１）船舶職員の海技免許の受有義務（第１項）

船舶職員になろうとする者は，海技士の免許（以下「海技免許」という。）を受けなければならない。（第１項）

（２）海技免許の要件（第２項）

海技免許は，①国土交通大臣が行う海技士国家試験（以下「海技試験」という。）に合格し，かつ，②その資格に応じ，人命救助その他の船舶職員としての職務を行うに当たり必要な事項に関する知識及び能力を習得させるための講習であって国土交通大臣が指定するものの課程を修了した者について行う。（第２項）

その資格に応じ「国土交通大臣が指定する講習」（免許講習）は，次の表のとおりである。（則第３条の２第１項）

免許講習

資　　格	講　　習（則第３条の２第１項）
三級海技士（航海）	レーダー観測者講習，レーダー・自動衝突予防援助装置シミュレータ講習，救命講習，消火講習，上級航海英語講習
四級海技士（航海） 五級海技士（航海）	レーダー観測者講習，レーダー・自動衝突予防援助装置シミュレータ講習，救命講習，消火講習，航海英語講習
六級海技士（航海）	レーダー観測者講習，救命講習，消火講習
三級海技士（機関）	機関救命講習，消火講習，上級機関英語講習
四級海技士（機関） 五級海技士（機関）	機関救命講習，消火講習，機関英語講習
六級海技士（機関）	機関救命講習，消火講習
一級～三級海技士（通信） 一級～四級海技士（電子通信）	救命講習，消火講習

備考

(1)　レーダー観測者講習とは，レーダー映像の判読，レーダープロッティングその他のレーダーによる衝突防止に関する知識及び能力を習得させるための講習（レーダー・自動衝突予防援助装置シミュレータを使用して行うものを除く。）をいう。

(2)　レーダー・自動衝突予防援助装置シミュレータ講習とは，レーダー・自動衝突予防援助装置シミュレータを使用して行うレーダープロッティングその他のレーダー又は自動衝突予防援助装置による衝突防止に関する知識及び能力を習得させるための講習をいう。

(3)　救命講習とは，海難発生時における措置，救命設備その他の救命に関する知識及び能力を習得させるための講習をいう。

(4)　機関救命講習とは，海難発生時における機関部においての措置，救命設備その他の救命に関する知識及び能力を習得させるための講習をいう。

(5)　消火講習とは，火災の化学的性質，消火設備その他の消火に関する知識及び能力を習得させるための講習をいう。

(6)　上級航海英語講習とは，甲板部において使用される海事に関する英語に関する知識及び能力を習得させるための講習をいう。

(7)　航海英語講習とは，甲板部において使用される海事に関する基礎的な英語に関する知識及び能力を習得させるための講習をいう。

(8)　上級機関英語講習とは，機関部において使用される海事に関する英語に関する知識及び能力を習得させるための講習をいう。

(9)　機関英語講習とは，機関部において使用される海事に関する基礎的な英語に関する知識及び能力を習得させるための講習をいう。

次の表の左欄に掲げる講習の課程を修了した者は，中欄に定める資格についての免許を受けようとする場合にあっては，前項（第1項）の規定（前表）にかかわらず，それぞれ右欄に定める講習の課程を修了することを要しない。（則第3条の2第2項）

救命講習	三級海技士（機関）又はこれより下級の資格	機関救命講習
上級航海英語講習	四級海技士（航海）又は五級海技士（航海）	航海英語講習
上級機関英語講習	四級海技士（機関）又は五級海技士（機関）	機関英語講習

免許講習は，STCW条約で実技の課程は実習又は訓練でこれを担保するのが有効であるとの考え方により設けられたものである。

（3）　海技免許の申請（第3項）

海技免許の申請は，申請者が海技試験に合格した日から1年以内にこれをしなければならない。

§2-7　海技士の資格（第5条）

（1）　資格の種類（第1項）

海技免許は，次の各号に掲げる区分に応じ，それぞれ各号に定める資格の別に行う。

海技士の資格の種類

区分	資格
1．海技士(航海)	(イ)　一級海技士(航海)　(ロ)　二級海技士(航海) (ハ)　三級海技士(航海)　(ニ)　四級海技士(航海) (ホ)　五級海技士(航海)　(ヘ)　六級海技士(航海)
2．海技士(機関)	(イ)　一級海技士(機関)　(ロ)　二級海技士(機関) (ハ)　三級海技士(機関)　(ニ)　四級海技士(機関) (ホ)　五級海技士(機関)　(ヘ)　六級海技士(機関)
3．海技士(通信)	(イ)　一級海技士(通信)　(ロ)　二級海技士(通信) (ハ)　三級海技士(通信)
4．海技士(電子通信)	(イ)　一級海技士(電子通信)　(ロ)　二級海技士(電子通信) (ハ)　三級海技士(電子通信)　(ニ)　四級海技士(電子通信)

（2）　海技免許における船橋当直限定，機関当直限定等（第2項～第7項）

1.　国土交通大臣は，海技士（航海）又は海技士（機関）の海技免許を行う場合に，乗船履歴に応じて，その職務を行うことができる船舶職員の職について「履歴限定」をすることができる。（第2項～第3項）

2. 国土交通大臣は，近代化船に乗り組む船舶職員である運航士のための資格として，海技士（航海）又は海技士（機関）の海技免許を行う場合に，「船橋当直限定」又は「機関当直限定」をすることができる。

（第4項）

この「限定」は，船員制度の近代化に関するもので，船橋当直限定又は機関当直限定は，それぞれ三級海技士（航海）又は三級海技士（機関）の資格の免許について行われる。（則第4条第3項）

3. 国土交通大臣は，海技士（機関）の海技免許を行う場合に，機関の種類を限定する「機関限定」をすることができる。（第5項）

4. 国土交通大臣は，海技免許を行う場合に，身体の障害その他の状態に応じ，船舶の設備その他の事項についての限定をすることができる。

この限定は，海技士（航海）に係る海技免許につき，電子海図情報表示装置（ECDIS）についての知識及び技能に応じ，電子海図情報表示装置を有しない船舶について行う。（則第4条第5項）

（第6項～第7項）

（3） 海技資格の順位（第8項）

資格の相互間の上級及び下級の別は，第1項（1）の表の各号に掲げる区分ごとに，各号に定める順序による。

例えば，四級海技士（航海）は，五級海技士（航海）より上級の資格であり，三級海技士（航海）よりは下級の資格である。

§2-8 海技免許を与えない場合（第6条）

（1） 海技免許を与えない者（第1項）

次の各号のいずれかに該当する者には，海技免許を与えない。

1. 18歳に満たない者
2. 海難審判法の裁決により，①海技免許，②第23条（締約国の資格証明書を受有する者の特例）第1項の承認（§2-15）又は③操縦免許（第23条の2）の取消しの日から5年を経過しない者
3. 船舶職員及び小型船舶操縦者法，海上衝突予防法など一定の法令の規定に違反したこと（海難審判が開始された場合を除く。）により，①海技免許を取り消され（第10条第1項），②締約国の資格証明書を受有する者であって国土交通大臣の承認を受けた者がその承認を取り消され

（第23条第７項準用）又は③操縦免許を取り消され（第23条の７第１項），取消しの日から５年を経過しない者　（第１項）

（２）　業務の停止の処分を受け海技免許を与えない者（第２項）

①第10条第１項（同上）若しくは②第23条の７第１項（同上）の規定又は③海難審判所の裁決により，業務の停止の処分を受けた者には，その業務の停止の期間中は，海技免許を与えない。　（第２項）

§2-9　海技免状の有効期間（第７条の２）

（１）　有効期間（第１項）

海技免状の有効期間は，５年とする。

（２）　海技免状の有効期間の更新（第２項～第３項）

1.　上記の有効期間は，その満了の際，申請により更新することができる。

この更新制度は，船舶職員の知識・技能のレベルの最新化の維持を目的とするものである。

2.　国土交通大臣は，海技免状の有効期間の更新の申請があった場合には，その者が次の要件を満たした者でなければ，有効期間の更新をしてはならない。

海技免状更新時の要件

(1)	国土交通省令で定める身体適性に関する基準を満たすこと。（第３項） 基準……施行規則・別表第３の第２種の身体検査基準（則第９条の２）
(2)	次の各号の１に該当すること。 ①　国土交通省令で定める乗船履歴を有する者　（第３項第１号） 例えば，海技士（航海）の場合は，小型船舶以外の船舶に船長，航海士又は運航士（２号職務を除く。）として１年以上の乗船履歴。（則第９条の３） ②　国土交通大臣が，その者の業務に関する経験を考慮して，①に掲げる者と同等以上の知識及び経験を有すると認定した者　（第３項第２号） 例えば，海難審判官，水先人など一定の者が当該業務に１年以上。 ③　国土交通大臣が指定する講習の課程を修了した者　（第３項第３号） この更新講習は，更新の申請をする日以前３月以内に修了していなければならない。（則第９条の４）

（３）　海技士（通信）又は海技士（電子通信）の海技免状の失効（第４項）

（略）

（４）　海技免状の有効期間の更新及び海技免状の失効の場合の再交付の手続き（第５項）

1.　海技免状の有効期間の更新の申請手続きは，施行規則第９条の５～第９条の５の３に定められている。

〔**注**〕　海技免状の有効期間の更新の申請をする者は，海技免状の有効期間が満了する以前１年以内に，海技免状更新申請書に次の書類を添えて国土交通大臣に提出しなければならない。

①　海技士身体検査証明書又は海技士身体検査合格証明書

②　次のいずれかの１に該当する書類

(イ)　乗船履歴を証明する書類

(ロ)　(イ)と同等以上の知識及び経験を有するとの認定を受けたことを証明する書類

(ハ)　更新講習を修了したことを証明する書類（則第９条の５第１項）

2.　海技免状の失効の場合の再交付の手続きは，施行規則第９条の６～第９条の８に定められている。

海技免状の失効は，同免状が効力を失ったことで，海技免許そのものは有効である。

何らかの事情で海技免状の有効期間の更新をせず同免状の効力を失った場合でも，改めて海技試験を受ける必要はなく，海技免状の再交付を受けるため，身体検査に合格し，失効再交付講習を修了するなど施行規則に定める要件を満たして申請すればよい。

§2-10　海技免許の失効（第８条）

（１）　下級の資格の海技免許又は限定の海技免許の失効（第１項）

1.　海技士が上級の資格についての海技免許を受けたときは，下級の資格についての海技免許は，その効力を失う。

例えば，三級海技士（航海）の海技免許を受けたときは，いままで受有していた四級海技士（航海）の海技免許は効力を失う。

2.　船橋当直限定，機関当直限定などの限定の海技免許を受けた者が同一の資格についての限定をしない海技免許を受けたときは，限定をした海技免許は，その効力を失う。

例えば，船橋当直三級海技士（航海）の海技免許を受けた者が，限定のない三級海技士（航海）の海技免許を受けたときは，限定の海技免許は効力を失う。

3.　船橋当直限定，機関当直限定などの限定をしない海技免許を受けた者が，上級の資格についての海技免許で限定をしたものを受けたときは，この限りでない。

例えば，四級海技士（航海）の海技免許を受けた者が，船橋当直三級海技士（航海）の海技免許を受けたときは，いずれも有効である。

（2）　海技士（通信）又は海技士（電子通信）の海技免許の電波法の規定による無線従事者の免許等の取消しに伴う失効（第2項）

（略）

§2-11　海技免許の取消し等（第10条）

（1）　規定違反等による海技免許の取消し等（第1項）

国土交通大臣は，海技士が次の各号のいずれかに該当するときは，①海技免許の取消し，②業務の停止（2年以内で定めた期間），又は③戒告の行政処分をすることができる。

ただし，これらの事由によって発生した海難について，海難審判所が審判を開始したときは，この限りでない。

1.　船舶職員及び小型船舶操縦者法又は同法に基づく命令の規定に違反したとき。

2.　船舶職員としての職務又は小型船舶操縦者としての業務を行うに当たり，海上衝突予防法その他の法令の規定に違反したとき。

（2）　心身の障害による海技免許の取消し（第2項）

（略）

（3）　海技免許の取消しをしようとするときの審議会への諮問（第3項）

国土交通大臣は，（1）又は（2）により海技免許の取消しをしようとするときは，交通政策審議会の意見を聴かなければならない。

〔**注**〕 本条に関連して，聴聞の特例（第11条）が定められている。

§2-12　船舶職員の乗組みに関する基準（第18条）

船舶所有者は，その船舶に，次に掲げる事項を考慮して政令で定める船舶職員として船舶に乗り組ませるべき者に関する基準（以下「乗組み基準」という。）に従い，船長及び船長以外の船舶職員として，それぞれ海技免状を受有する海技士を乗り組ませなければならない。

1.　船舶の用途

2.　航行する区域
3.　大きさ
4.　推進機関の出力
5.　その他の船舶の航行の安全に関する事項

ただし，第20条（乗組み基準の特例）の規定の適用がある場合は，この限りでない。

（第１項（詳しくは，ただし書規定を参照のこと。)。第２項～第３項略）

「政令に定める乗組み基準」は，政令・別表第１の「配乗表」（下記の表）に掲げるとおりである。

なお，乗り組ませる海技士の資格は，配乗表の資格の欄に定める資格又はこれより上級の資格の海技免許を受けた者でなければならない。　（令第５条）

船舶職員の配乗表（小型船舶以外の船舶に限る。）（抄）

別表第１・第１号　甲板部

船舶（トン数は総トン数を表す）		船舶職員	資　　格
平水区域を航行区域とする船舶	200トン未満	船　　長	六級海技士（航海）
	200トン以上～ 1,600トン未満	船　　長	五級　〃
	1,600トン以上	船　　長	四級　〃
		一等航海士	五級　〃
沿海区域を航行区域とする船舶 丙区域内において従業する漁船	200トン未満	船　　長	六級　〃
	200トン以上～ 500トン未満	船　　長	五級　〃
		一等航海士	六級　〃
	500トン以上～ 5,000トン未満	船　　長	四級　〃
		一等航海士	五級　〃
	5,000トン以上	船　　長	三級　〃
		一等航海士	四級　〃
近海区域を航行区域とする船舶であって国土交通省令（則第61	200トン未満	船　　長	五級　〃
	200トン以上～ 500トン未満	船　　長	四級　〃
		一等航海士	五級　〃
	500トン以上～ 5,000トン未満	船　　長	四級　〃

船舶（トン数は総トン数を表す）		船舶職員	資　　格
条）で定める本邦の周辺の区域のみを航行するもの		一等航海士	五級　〃
		二等航海士	五級　〃
	5,000トン以上	船　長	三級　〃
		一等航海士	四級　〃
		二等航海士	五級　〃
近海区域を航行区域とする船舶 乙区域内において従業する漁船	200トン未満	船　長	五級　〃
	200トン以上～500トン未満	船　長	四級　〃
		一等航海士	五級　〃
	500トン以上～1,600トン未満	船　長	三級　〃
		一等航海士	四級海技士（航海）
		二等航海士	五級　〃
	1,600トン以上～5,000トン未満	船　長	三級　〃
		一等航海士	四級　〃
		二等航海士	五級　〃
		三等航海士	五級　〃
	5,000トン以上	船　長	一級　〃
		一等航海士	三級　〃
		二等航海士	四級　〃
		三等航海士	五級　〃
遠洋区域を航行区域とする船舶 甲区域内において従業する漁船	200トン未満	船　長	四級　〃
		一等航海士	五級　〃
	200トン以上～500トン未満	船　長	三級　〃
		一等航海士	四級　〃
		二等航海士	五級　〃
	500トン以上～1,600トン未満	船　長	二級　〃
		一等航海士	三級　〃
		二等航海士	四級　〃

船舶（トン数は総トン数を表す）		船舶職員	資　　格
（前頁から続く）	1,600トン以上～5,000トン未満	船　　長	二級　〃
		一等航海士	二級　〃
		二等航海士	三級　〃
		三等航海士	四級　〃
	5,000トン以上	船　　長	一級　〃
		一等航海士	二級　〃
		二等航海士	三級　〃
		三等航海士	三級　〃

（備考） 1.　丙区域……わが国の海岸からほぼ200海里以内の水域。（詳しく境界が規定されている。）

乙区域……東経180度，南緯13度，東経94度及び北緯63度の線により囲まれた水域であって丙区域以外のもの。

甲区域……丙区域及び乙区域以外の水域。

2.　総トン数は，国際トン数証書・国際トン数確認書の交付を受けている船舶については，当該証書に記載される国際総トン数，それ以外の船舶については，政令・別表第１の「配乗表の適用に関する通則」９の定めるところによる。

§2-13　航海中の欠員（第19条）

（１）　やむを得ない事由による欠員（第１項）

乗組み基準（第18条）の規定は，船舶職員として乗り組んだ海技士の死亡その他やむを得ない事由により船舶の航海中に船舶職員に欠員を生じた場合には，その限度において，適用しない。すなわち欠員のまま航海を続けてよい。ただし，その航海の終了後は，この限りでない。

（２）　欠員の届出（第２項）

航海中に欠員を生じた場合は，船舶所有者は，遅滞なく，国土交通大臣にその旨を届け出なければならない。（欠員届出書（２通）を船舶所有者の住所地を管轄する地方運輸局長に提出する。（則第62条））

（３）　欠員の補充命令（第３項）

国土交通大臣は，（１）の場合において，必要があると認めるときは，船船所有者に対し，その欠員を補充すべきことを命ずることができる。

§2-14　海技士がなることができる船舶職員（第21条）

（1）　乗組み基準で必要とされる海技免状の受有義務（第1項）

乗組み基準において必要とされる資格に係る海技免状を受有している海技士でなければ，乗組み基準に定める船舶職員として，その船舶に乗り組んではならない。

（2）　船長又は機関長の職務は20歳未満は不可（第2項）

20歳に満たない者は，船長又は機関長の職務を行う船舶職員として，第18条第2項の国土交通省令（則第60条の8の2）で定める船舶（小型船舶以外の船舶）に乗り組んではならない。

〔注〕　この規定は，第18条第2項の規定と関連するものである。

（3）　船長又は航海士の無線通信士等の免許の受有義務（第3項）

次に掲げる資格についての免許（電波法第40条～第41条）のいずれかを受けた者以外の者は，船長又は航海士の職務を行う船舶職員として，国土交通省令で定める船舶（小型船舶以外の船舶であって，無線電信等を施設することを要しない船舶など一定のもの以外のもの。則第60条の8の3）に乗り組んではならない。（第3項）

1.　国際航海に従事する船舶

第一級若しくは第二級総合無線通信士，

第一級，第二級若しくは第三級海上無線通信士，又は

第一級海上特殊無線技士。

2.　国際航海に従事しない船舶

第一級，第二級若しくは第三級総合無線通信士，

第一級，第二級，第三級若しくは第四級海上無線通信士，又は第一級若しくは第二級海上特殊無線技士。　（則第60条の8の4）

〔注〕　この規定は，第18条第3項の規定と関連するものである。

§2-15　締約国の資格証明書を受有する者の特例（第23条）

STCW条約の締約国が発給した条約に適合する船舶の運航又は機関の運転に関する資格証明書（締約国資格証明書）を受有する者であって国土交通大臣の承認を受けたものは，第4条第1項（海技免許の受有義務）の規定にかかわら

ず，船舶職員になることができる。　　　　　（第１項。第２項〜第７項　略）

本条は，新たに定められた規定（平成10年）で，締約国資格証明書を受有している者であって国土交通大臣の承認を受けたもの（外国人船員）は，海技免許を受有していなくても，船舶職員として日本籍船に乗り組むことができるとする承認制度を定めたものである。

これは，日本籍船の国際競争力を確保するため，「国際船舶」における日本人船長・機関長２名配乗など日本人船員の少数配乗体制を導入して，混乗船で運航しようとするものである。

第３章　小型船舶操縦者

§2-16　小型船舶操縦士の免許（第23条の２）

（１）　小型船舶操縦者の操縦免許の受有義務（第１項）

小型船舶操縦者になろうとする者は，小型船舶操縦士の免許（以下「操縦免許」という。）を受けなければならない。

（２）　操縦免許の要件（第２項）

操縦免許は，国土交通大臣が行う小型船舶操縦士国家試験（以下「操縦試験」という。）に合格した者について行う。

なお，一定の旅客の輸送の用に供する小型船舶の一級小型船舶操縦士又は二級小型船舶操縦士の操縦免許にあっては，操縦試験に合格し，かつ，小型旅客安全講習課程を修了した者など一定の者について行われる。

（３）　操縦免許の申請（第３項）

操縦免許の申請は，申請者が操縦免許に合格した日から１年以内にこれをしなければならない。

§2-17　小型船舶操縦士の資格（第23条の３）

操縦免許は，次の各号に定める資格の別に行う。

1.　一級小型船舶操縦士
2.　二級小型船舶操縦士
3.　特殊小型船舶操縦士

§2-18　小型船舶操縦者の乗船に関する基準（第23条の31）

船舶所有者は，その小型船舶に，小型船舶の①航行する区域，②構造，③その他の小型船舶の航行の安全に関する事項を考慮して政令で定める小型船舶操縦者として小型船舶に乗船させるべき者に関する基準（以下「乗船基準」という。）に従い，操縦免許証を受有する小型船舶操縦士を乗船させなければならない。（ただし書規定　略）　（第１項。第２項　略）

「政令で定める乗船基準」は，政令・別表第２の乗船基準（下記の表）に掲げるとおりである。　（令第10条）

別表第２　乗船基準（小型船舶）

小　型　船　舶	資　　格
特殊小型船舶	特殊小型船舶操縦士
沿岸小型船舶	一級小型船舶操縦士又は二級小型船舶操縦士
外洋小型船舶	一級小型船舶操縦士

（備考）

1. 特殊小型船舶とは，小型船舶であってその構造その他の事項に関し国土交通省令で定める基準に適合するものをいう。
2. 沿岸小型船舶とは，特殊小型船舶以外の小型船であって次の各号のいずれかに該当するものをいう。
   ①　近海区域又は遠洋区域を航行区域とする小型船舶以外の小型船舶であって，沿海区域のうち国土交通省令で定める区域のみを航行するもの
   ②　母船に搭載される小型船舶であって国土交通省令で定めるもの
   ③　引かれて航行する小型船舶であって国土交通省令で定めるもの
3. 外洋小型船舶とは，特殊小型船舶及び沿岸小型船舶以外の小型船舶をいう。

§2-19　小型船舶操縦者の遵守事項（第23条の36）

（１）　酒酔い等の状態での操縦の禁止（第１項）

小型船舶操縦者は，飲酒，薬物の影響その他の理由により正常な操縦ができないおそれがある状態で小型船舶を操縦し，又は当該状態の者に小型船舶を操縦させてはならない。

（２）　港の出入等危険のおそれがあるときの自己操縦（第２項）

小型船舶操縦者は，小型船舶が港を出入するとき，小型船舶が狭い水路

を通過するときその他の小型船舶に危険のおそれがあるときとして国土交通省令で定めるときは，自らその小型船舶を操縦しなければならない。

ただし，乗船基準において必要とされる資格に係る操縦免許証を受有する小型船舶操縦士が操縦する場合その他の国土交通省令で定める場合は，この限りではない。

（３） 危険を生じさせる速力で遊泳者に接近させる等の操縦の禁止（第３項）

小型船舶操縦者は，衝突その他の危険を生じさせる速力で小型船舶を遊泳者に接近させる操縦その他の人の生命，身体又は財産に対する危険を生じさせるおそれがある操縦として国土交通省令で定める方法で，小型船舶を操縦し，又は他の者に小型船舶を操縦させてはならない。

（４） 乗船者の船外転落に備えての救命胴衣の着用等の措置（第４項）

小型船舶操縦者は，小型船舶に乗船している者が船外に転落するおそれがある場合として国土交通省令で定める場合には，船外への転落に備えるためにその者に救命胴衣を着用させることその他の国土交通省令で定める必要な措置を講じなければならない。

（５） 発航前の検査，適切な見張り等の遵守（第５項）

小型船舶操縦者は，第１項(１)から前項(４)までに定めるのもののほか，発航前の検査，適切な見張りの実施その他の小型船舶の航行の安全を図るために必要なものとして国土交通省令で定める事項を遵守しなければならない。

第４章　雑　　則

§2-20　航行の差止め（第24条）

（１） 航行の停止又は航行の差止め（第１項）

国土交通大臣は，次に掲げる規定による命令に違反する事実があると認める場合において，船舶の航行の安全を確認するため必要があると認めるときは，当該船舶の航行の停止を命じ，又はその航行を差し止めることができる。

この場合において，その船舶が航行中であるときは，国土交通大臣は，当該船舶の入港すべき港を指定するものとする。

1. 船舶職員の乗組み基準（第18条）

2.　海技士がなることができる船舶職員（第21条）

3.　小型船舶操縦者の乗船基準（第23条の31第 1 項）

4.　小型船舶操縦士がなることができる小型船舶操縦者（第23条の33）

5.　小型船舶操縦者以外（機関長又は通信長）の乗船（第23条の35第 1 項又は第 3 項）

6.　航行中の欠員の補充（第19条第 3 項）

船舶職員及び小型船舶操縦者は，船舶の航行の安全を確保するため，当然のことながら，これらの規定を遵守することに努めなければならない。

（2）　違反の事実のなくなったと認めるときの処分の取消し（第 2 項）

国土交通大臣は，前項(1)の規定による処分に係る船舶について，(1)に規定する事実がなくなったと認めるときは，直ちに，その処分を取り消さなければならない。

§2-21　海技免状又は操縦免許証の携行（第25条）

海技士又は小型船舶操縦士は，船舶職員として船舶に乗り組む場合又は小型船舶操縦者として小型船舶に乗船する場合には，船内に海技免状又は操縦免許証を備え置かなければならない。

§2-22　海技免状又は操縦免許証の譲渡等の禁止（第25条の 2）

海技士又は小型船舶操縦士は，その受有する海技免状又は操縦免許証を他人に譲渡し，又は貸与してはならない。

§2-23　報告等（第29条の 2）

（1）　報告，検査など（第 1 項）

国土交通大臣は，第 1 条の目的（船舶の航行の安全）を達成するため必要な限度において，船舶所有者，船舶職員，小型船舶操縦者その他の関係者に出頭を命じ，帳簿書類を提出させ，若しくは報告をさせ，又はその職員に，船舶その他の事業場に立ち入り，帳簿書類，海技免状，操縦免許証その他の物件を検査し，若しくは船舶所有者，船舶職員，小型船舶操縦者その他の関係者に質問させることができる。

（2）　立入検査時の証票の携帯及び立入検査の権限（第 2 項）

1.　前項(1)の場合において，立入検査をする職員は，その身分を示す証票を携帯し，関係者にこれを提示しなければならない。

2.　この立入検査の権限は，犯罪捜査のために認められたものと解釈してはならない。

§2-24　外国船舶の監督（第29条の3）

（1）外国船舶への立入検査（第1項・第6項）

1.　立入検査（第1項）

国土交通大臣は，その職員に，本邦の港にある外国船舶に立ち入り，その船舶の乗組員が次の船舶の区分に応じそれぞれ各号に定める要件を満たしているかどうか検査を行わせることができる。

外国船舶への立入検査

	船舶の区別	要件（要旨）
①	STCW条約の締約国の船舶	条約に適合する資格証明書又はこれに代わる臨時業務許可書を受有していること。
②	STCW条約の非締約国の船舶	上欄の要件と同等以上の知識・能力を有していること。

2.　立入検査の職員の証票の提示等（第6項）

①上記1.の立入検査をする職員は，その身分を示す証票を携帯し，関係者にこれを提示しなければならない。　（第17条の13第2項準用）

②立入検査の権限は，犯罪捜査のために認められたものと解釈してはならない。　（同条第3項準用）

（2）知識・能力の審査（第2項）

国土交通大臣は，上記(1)の非締約国の船舶について検査を行う場合において必要と認めるときは，その船舶の乗組員に対し，知識・能力を有するかどうかについて審査を行うことができる。

（3）要件を満たすことの通告（第3項）

国土交通大臣は，上記(1)の検査の結果，その船舶の乗組員が要件を満たしていないと認めるときは，船長に対し，適格者を乗り組ますべきことを文書により通告するものとする。

（4）外国船舶の航行停止等の処分等（第4項～第6項）

1.　航行停止等の処分（第4項）

国土交通大臣は，上記(3)の通告をしたにもかかわらず，なお要件を満たす適格者を乗り組ませていない事実が判明した場合において，航行を継続することが人の生命，身体若しくは財産に危険を生ぜしめ，又は海洋環境の保全に障害を及ぼすおそれがあると認めるときは，その船舶の航行の停止を命じ，又はその航行を差し止めることができる。

2. 緊急時の処分（第5項）

国土交通大臣があらかじめ指定する国土交通省の職員は，上記1. の場合において，緊急の必要があると認めるときは，上記1. に定める国土交通大臣の権限を即時に行うことができる。

3. 要件を満たしたときの処分の取消し（第6項）

国土交通大臣は，上記1. の航行停止等の処分に係る船舶について，前記(1)の表の各号のいずれかの要件を満たす乗組員が乗り組んだと認めるときは，直ちに，その処分を取り消さなければならない。

（第24条第2項準用）

本条の規定は，船員法上の「外国船舶の監督」（§1-46）と同様に，締約国が互いに外国船舶の遵守状況を監督し合うことにより条約の履行の実を挙げ，かつ非締約国の加盟を促すためのものである。

日本船舶も，外国の港においては，条約の定めるところにより，外国の監督を受けることになるので，これらのことに十分に留意しなければならない。

第5章　罰　　則

（略）

練 習 問 題

問 次に掲げる用語の定義を述べよ。(船舶職員及び小型船舶操縦者法。以下「船舶職員・操縦者法」と略することがある。)

(1) 船舶職員

(2) 小型船舶操縦者　　(五級，四級，三級)

〔ヒント〕(1) §2-2　(2) §2-4

問 船舶職員・操縦者法に定める「小型船舶」とは，どんな船舶か。

(五級，四級，三級)

〔ヒント〕 §2-4

問 次に掲げる用語の定義を述べよ。　　(五級，四級，三級)

(1) 海技士

(2) 小型船舶操縦士

〔ヒント〕 §2-5

問 一定の海技士の海技免許は，海技士国家試験（海技試験）に合格するほか，一定の免許講習の課程を修了していなければならないが，その免許講習について次の問いに答えよ。

(1) どんな法令に定められているか。

(2) どんな講習があるか，4つあげよ。

(3) 同講習が設けられた理由を述べよ。　　(五級，四級，当直三級，三級)

〔ヒント〕(1) 船舶職員及び小型船舶操縦者法（第4条第2項）・同法施行規則（§2-6）

(2) レーダー観測者講習，レーダー・自動衝突予防援助装置シミュレータ講習，救命講習，消火講習，航海英語講習，上級航海英語講習（いずれか4つ）(詳しくは，§2-6(2)の表参照)

(3) STCW条約で実技の課程は，実習又は訓練で，これを担保するのが有効であるとの考え方による。

問 船舶職員・操縦者法によると，六級海技士の免許が与えられないのは満何歳未満と規定しているか。次のうちから選べ。

(1) 15　(2) 16　(3) 18　(4) 20　　(六級)

〔ヒント〕(3) §2-8

問 海技免状の有効期間は何年か。また，その更新には，どんな要件を満たしていなければならないか。　　(四級，三級)

〔ヒント〕(1) 5年　(2) §2-9(2)

問 船舶職員・操縦者法の規定に違反した海技士に対する処分としては，免許の取消しのほ

かに，どのようなものがあるか。（五級）

〔**ヒント**〕① 業務の停止　② 戒告　（§2-11）

問 国土交通大臣が，海技士の海技免許を取り消すことができるのはどのような場合か，1つあげよ。（五級）

〔**ヒント**〕船舶職員として職務を行うに当たり，海上衝突予防法の規定に重大な違反をした場合（ただし，この事由によって発生した海難について，海難審判庁が審判を開始した場合は，この限りでない。）（§2-11）

問 次の文の□内にあてはまる語句を記号とともに記せ。

国土交通大臣は，海技士が次の(1)及び(2)のいずれかに該当するときは，その海技免許を取り消し，2年以内の期間を定めてその(ア)を命じ，又はその者を(イ)することができる。ただし，これらの事由によって発生した海難について海難審判庁が審判を開始したときは，この限りでない。

(1) 船舶職員・操縦者法又は同法に基づく命令に違反したとき。

(2) 船舶職員として又は小型船舶操縦者としての職務を行うに当たり，(ウ)その他の法令の規定に違反したとき。（四級）

〔**ヒント**〕(ア) 業務の停止　(イ) 戒告　(ウ) 海上衝突予防法　（§2-11）

問 五級海技士（航海）の海技免状受有者は，最大どのような大きさの船（小型船舶を除く。）の船長となることができるか。（五級）

〔**ヒント**〕① 平水区域を航行区域とする船舶……総トン数1,600トン未満
② 沿海区域を航行区域とする船舶及び丙区域内において従業する漁船……総トン数500トン未満
③ 近海区域を航行区域とする船舶及び乙区域内において従業する漁船……総トン数200トン未満　（§2-12）

問 四級海技士（航海）の海技免状を受有する者は，遠洋区域，近海区域及び沿海区域では，それぞれ何トンまでの船長となることができるか。（四級）

〔**ヒント**〕① 遠洋区域……総トン数200トン未満（小型船舶を除く。）
② 近海区域……総トン数500トン未満（〃）
（国土交通省令で定める本邦の周辺の区域のみを航行するもの……5,000トン未満（〃））
③ 沿海区域……総トン数5,000トン未満（〃）　（§2-12）

問 四級海技士（航海）の海技免状を受有している者が近海区域を航行区域とする船舶（又は乙区域内において従業する漁船）においては，大きさ（総トン数）に応じて，それぞれどんな船舶職員となることができるか，法令集を調べて答えよ。（四級）

〔**ヒント**〕§2-12

船　　舶 (小型船舶以外の船舶に限る。) (トン数は総トン数を表す)	近海区域を航行区域とする船舶であって国土交通省令で定める本邦の周辺の区域のみを航行するもの	近海区域を航行区域とする船舶 乙区域内において従業する漁船
200トン未満	船長	船長
200トン以上～500トン未満	船長，一航	船長，一航
500トン以上～1,600トン未満	船長，一航，二航	一航，二航
1,600トン以上～5,000トン未満	船長，一航，二航	一航，二航，三航
5,000トン以上	一航，二航	二航，三航

問 船舶職員として乗り組んだ海技士の死亡その他やむを得ない事由により航海中に船舶職員に欠員を生じた場合には，「船舶職員として船舶に乗り組ませるべき者の資格」に関する規定は，その船についてどのように扱われるか。また，この場合，船舶所有者はどのようにしなければならないか。 (三級)

〔ヒント〕 (1) その規定（第19条）は，その限度において，その航海の終了まで適用されない。(航海終了まで，欠員のまま航海を続けてよい。終了後は，欠員を補充しなければならない。)

(2) 遅滞なく，国土交通大臣に欠員を生じた旨を届け出なければならない。(§2-13)

問 船舶職員・操縦者法は，「海技免状の携行」について，どのように規定しているか。 (三級)

〔ヒント〕 船舶に備え置かなければならない。 (§2-21)

問 海技免状について述べた次の文の□内にあてはまる語句を，記号とともに示せ。

(1) 海技士又は小型船舶操縦士は，船舶職員として船舶に乗り組む場合又は小型船舶操縦者として小型船舶に乗船する場合には，［(ア)］に海技免状又は操縦免許証を備え置かなければならない。

(2) 海技士又は小型船舶操縦士は，その受有する海技免状又は操縦免許証を他人に譲渡し，又は［(イ)］してはならない。 (五級)

〔ヒント〕 (ア) 船内 (§2-21) (イ) 貸与 (§2-22)

問 船舶職員・操縦者法において，海技免状の取扱上禁止されていることを2つあげよ。 (五級)

〔ヒント〕 ① 他人に譲渡してはならない。

② 他人に貸与してはならない。 (§2-22)

第3編　海難審判法

§3-1　海難審判法の目的（第１条）

海難審判法は，職務上の故意又は過失によって海難を発生させた①海技士若しくは②小型船舶操縦士又は③水先人に対する懲戒を行うため，国土交通省に設置する海難審判所における審判の手続き等を定め，もって海難の発生の防止に寄与することを目的としている。

〔注〕 海難審判法の改正

同法は，従来の海難審判庁が海難審判所と改組されるなど国土交通省組織の改組に伴い，平成20年５月に大きく改正され，同年10月１日から施行された。この改正の骨子は，次のとおりである。

1. 従来の海難審判の目的は，①審判による海技士等に対する懲戒，②審判による海難原因の探究であったが，海難審判所は，①の任務を継承するものに改まった。
2. 上記②の任務については，従来の航空・鉄道事故調査委員会が運輸安全委員会（国土交通省の外局）に改組されてこれを継承し，専門の委員により，陸・海・空の事故原因の究明が行われることとなった。
3. 海難審判は，二審制から一審制へ改まった。

§3-2　「海難」の定義（第２条）

「海難」とは，次に掲げるものをいう。

（１）　船舶の運用に関連した船舶又は船舶以外の施設の損傷（第１号）

運用とは，航行，停泊，入渠，荷役など広い意味の運用である。

船舶以外の施設とは，例えば，桟橋，防波堤，航路標識などである。

損傷には，油によって汚損された場合も含まれる。

（２）　船舶の構造，設備又は運用に関連した人の死傷（第２号）

人とは，乗組員のほか，旅客，便乗者，荷役関係者，船内消毒を行う人

【試験細目】

三級，四級，五級，当直三級	海難審判法	口述のみ
六級	同上	筆記・（口述）

などを指す。

（3） 船舶の安全又は運航の阻害（第3号）

1. 安全の阻害（具体例）

① 貨物の積付不良で航行中に船体が大きく傾斜し，緊急に近くの港に入り難を逃れたものの，その間は安全が阻害された。

② 狭い水道を航行中，他船が違法側を反航してきてなかなか右側端航行に復帰せず衝突の危険を感じたため，自船の臨機の処置でこれを回避した。しかし，その間は不安に襲われ，安全が阻害された。

2. 運航の阻害（具体例）

① 燃料の積込み不足のため，別に損傷はなかったが，自船は航行の途中で航行不能となり，運航が阻害された。

② 座州（ざす）したものの，幸い船底には損傷はなかったが，自船は満潮時に州を離れるまで運航が阻害された。あるいは，自船の座州のため，州を離れるまで他船の航行を妨げ，他船の運航を阻害した。

§3-3 海難審判法上の懲戒（第4条～第5条）

（1） 懲戒の種類（第4条）

懲戒は，次の3種があり，その適用は，行為の軽重に従って定められる。

① 免許（船舶職員及び小型船舶操縦者法第23条（STCW条約締約国の資格証明書を受有する者の特例）第1項の承認を含む。）の取消し

懲戒のうちで最も重いものである。

② 業務の停止

業務の停止の期間は，1カ月以上3年以下である。

③ 戒告

将来を戒めるもので，懲戒のうちで最も軽いものである。

〔**注**〕 懲戒は，行政処分であって，刑罰ではない。

（2） 懲戒免除（第5条）

海難審判所は，海難の性質若しくは状況又はその者の経歴その他の情状により，懲戒の必要がないと認めるときは，特にこれを免除することができる。

§3-4　海難審判所の組織等

（1）　海難審判所は，国土交通省の特別の機関である。（第7条）
司法の裁判所とは，その系統を異にするものである。

（2）　海難審判所には，地方海難審判所（函館，仙台，横浜，神戸，広島，門司（那覇支所を含む。），長崎の7ヵ所）が置かれている。（第11条）

（3）　海難審判所（東京）は，旅客の死亡を伴う海難その他の国土交通省令で定める重大な海難に係るものを管轄する。
地方海難審判所は，前記の海難以外の海難を管轄する。（第16条）

〔**注**〕 **海難審判のあらまし**

1.　海難審判所（東京）は，3名の審判官（裁判における裁判官に当たる。）で構成する合議体で審判を行う。また，地方海難審判所は，1名の審判官で審判を行う。しかし，1名の審判官では不適当であると認めるときは，3名の審判官で構成する合議体で行うことができる。（第14条）

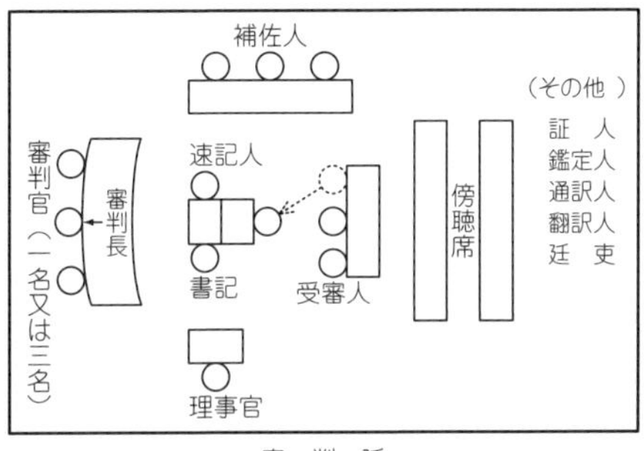

審　判　廷

審判官は，独立してその職務を行う。（第13条）

2.　理事官（裁判における検察官に当たる。）は，審判の請求及びこれに係る海難の調査並びに裁決の執行に関することをつかさどる。（第12条）

3.　海難審判の当事者は，理事官及び受審人であって，受審人を補佐するために補佐人（裁判における弁護士に当たる。）の制度が定められている。

4.　審判の対審及び裁決は，公開の審判廷で行われる。（第31条）

5.　裁決の取消しの訴えは，東京高等裁判所にすることができる。（訴えは，裁決の言渡しの日から30日以内。）（第44条）

（**備考**）「受審人」とは，海技士（船舶職員及び小型船舶操縦者法第23条第1項の承認を受けた者を含む。）若しくは小型船舶操縦士又は水先人であって，理事官から審判開始の申立てに当たって，海難がその職務上の故意又は過失によって発生したもので，懲戒の裁決を請求する必要があると認められ指定された者である。

「指定海難関係人」とは，海難において受審人以外の当事者であって受審人に係る職務上の故意又は過失の内容及び懲戒の量定を判断するため必要があると認められ，理事官から指定された者である。

練習問題

問 海難審判法の目的を述べよ。 （五級，四級）

〔**ヒント**〕 §3-1

問 海難審判法における海難の定義を説明せよ。 （三級）

〔**ヒント**〕 §3-2

問 海難審判法は，海難が発生したものとする場合の1つとして人の死傷をあげているが，この場合の海難発生とは，どのようなことに関連した「人の死傷」をいうか。 （三級）

〔**ヒント**〕 船舶の構造，設備又は運用（§3-2(2)）

問 海難審判法において，「船舶の安全の阻害」の具体的を1つあげよ。 （四級）

〔**ヒント**〕 §3-2(3)1.

問 海難審判法の懲戒には，免許の取消しのほか，どんな種類があるか。 （五級）

〔**ヒント**〕 業務の停止，戒告（§3-3）

問 海難審判法に規定されている懲戒の種類について，該当しないものは，次のうちどれか。

(1) 免許の取消し (2) 業務の停止

(3) 50万円以下の罰金 (4) 戒告 （六級）

〔**ヒント**〕 (3) §3-3

問 海難審判法に定める受審人とは，どういう人をいうか。 （三級）

〔**ヒント**〕 §3-4末尾の（備考）

問 受審人は，海難審判所の裁決に対して不服のあるときは，どこに訴えをすることができるか。 （三級）

〔**ヒント**〕 東京高等裁判所（§3-4〔**注**〕5.）

問 地方海難審判所は，取り扱う海難について，海難審判所（東京）とは，どのような違いがあるか。 （六級）

〔**ヒント**〕 §3-4(3)

第4編　船　舶　法

船舶法及び同法施行細則

§4-1　船舶法の目的

船舶法は，日本船舶となるための要件を定め，日本船舶には特権を与えるとともに，登記・登録，船舶国籍証書の受有・検認，船舶の標示などの義務を定めたもので，日本船舶に対する保護及び監督を目的としている。

§4-2　国旗の掲揚（第2条，第7条前段）

（1）　日本船舶に非ざれば，日本の国旗を掲ぐることを得ず。　　（第2条）

〔注〕　日本船舶の特権には，国旗掲揚権のほか，不開港場への寄港及び沿岸貿易権がある。（第3条）

（2）　日本船舶は，法令の定めるところに従い日本の国旗を掲げなければならない。　　（第7条前段）

「法令（船舶法施行細則）の定めるところ」とは，次のとおりである。

1.　国旗を掲揚しなければならない場合（則第43条）

日本船舶は，次の場合には国旗を後部に掲げなければならない。

①　日本国の灯台又は海岸望楼より要求があったとき。

②　外国の港を出入するとき。

③　外国貿易船が日本の港を出入するとき。

④　法令に別段の定めがあるとき。

⑤　管海官庁から指示があったとき。

⑥　海上保安庁の船舶又は航空機より要求があったとき。

2.　船舶国籍証書の受有前の国旗の掲揚（則第5条）

次の場合には，船舶国籍証書又は仮船舶国籍証書の受有前であっても船舶に国旗を掲げることができる。

【試験細目】

三級，四級，五級，当直三級	船舶法及び同法施行細則	口述のみ
六級	同上	筆記・（口述）

① 祝日，祭日。ただし，外国の祝祭日については，その国の港に停泊する場合に限る。

② 前号のほか，祝意又は敬意を表するとき。

③ 総トン数の測度を受けようとする船舶など一定のもの，臨時航行許可証を受有している船舶又は試運転をする船舶を航行させるとき。

§4-3　新規登録と船舶国籍証書（第５条）

（１） 新規登録

日本船舶の所有者は，登記をした後，船籍港を管轄する管海官庁に備えている船舶原簿に登録しなければならない。　（第１項）

（２） 船舶国籍証書の交付

（１）に定める登録をしたときは，管海官庁は船舶国籍証書を交付しなければならない。　（第２項）

§4-4　船舶国籍証書の検認（第５条の２）

（１） 検認の申請

日本船舶の所有者は，国土交通大臣の定める期日（下記（２）参照）までに，船舶国籍証書をその船舶の船籍港を管轄する管海官庁（その船舶の運航上の都合によりやむを得ない事由があるときは，最寄りの管海官庁）に提出して，その検認を受けなければならない。　（第1項）

検認の目的は，船舶国籍証書の記載事項が事実と一致しているかどうかを確認するためである。

〔**注**〕 船舶国籍証書は，日本船舶の所有者が船舶の登録をしたときに，管海官庁から交付される船舶の国籍を証明する公的証書で，船長が船員法（第18条）により船内に備えておかなければならない重要書類である。

（２） 検認期日

上記の国土交通大臣の定める期日とは，船舶国籍証書の交付を受けた日又は前回の検認を受けた日より，

総トン数100トン以上の鋼製船舶にあっては　４年
総トン数100トン未満の鋼製船舶にあっては　２年
木製船舶にあっては　１年

の期間を経過した後で，管海官庁が指定した期日（則第30条の２）である。

（第２項）

（3）　検認期日の延期

①船舶が外国にある場合，②その他やむを得ない事由によって，国土交通大臣の定める期日までに船舶国籍証書を提出することができない場合において，その期日までに船舶所有者より理由を具して申請したときは，船籍港を管轄する管海官庁は，提出期日の延期を認めることができる。延期された期日までに提出することができない場合についても，同じである。

（第3項）

〔注〕　**管海官庁による検認**

船舶所有者から船舶国籍証書の検認の申請があった場合において，管海官庁は船舶国籍証書が事実と符合すると認めたときは，同証書に検認をした年月日及び次回の検認期日を記載し管海官庁印を押して，申請者に返還しなければならない。（則第30条の4）

（4）　船舶国籍証書の失効

船舶所有者が第1項又は第3項の規定による期日までに船舶国籍証書を提出しないときは，同証書はその効力を失う。この場合，管海官庁は，船舶原簿に職権をもって抹消の登録をしなければならない。　（第4項）

§4-5　船舶国籍証書の書換え（第11条）

①船舶国籍証書の記載事項に変更を生じたとき，又は②同証書をき損したときは，船舶所有者は，その事実を知った日より2週間内に書換えを申請しなければならない。　（第11条）

同証書のき損により申請しようとする者は，申請書にその事由を記載して船籍港を管轄する管海官庁に提出する。滅失したときも同じ。　（則第33条）

〔注〕　**船舶国籍証書の記載事項**（則第30条）

番号，信号符字，証書番号，船名，種類，船質，帆船の帆装，機関の種類及び数，推進器の種類及び数，船籍港，総トン数，造船地，造船者，進水の年月，長さ，幅，深さ，所有者

§4-6　船舶の標示（第7条後段）

日本船舶は，法令の定めるところに従い，船舶の名称，船籍港，番号，総トン数，喫水の尺度その他の事項を標示しなければならない。　（第7条後段）

「法令（施行細則）の定めるところ」は，次のとおりである。　（則第44条）

1.　標示事項及び標示方法

① 船首両舷の外部に船名，船尾外部の見易い場所に船名及び船籍港名を10センチメートル以上の漢字，平仮名，片仮名，アラビア数字，ローマ字又は国土交通大臣の指定する記号をもって記すこと。

② 中央部船梁その他適当な所に船舶の番号及び総トン数を彫刻し，又はこれを彫刻した板を釘著すること。

③ 船首及び船尾の外部両側面において，喫水を示すため船底より最大喫水線以上に至るまで，20センチメートルごとに10センチメートルのアラビア数字をもって喫水尺度を記し，数字の下端は，その数字の表示する喫水線と一致させること。 （則第44条第1項）

2. 特殊な構造の船舶の標示

特殊な構造を有する船舶は，当該官吏の相当と認める方法で標示することができる。また，国土交通大臣が必要ありと認めるときは，上記1.の規定にかかわらず，標示の場所の指示等を命ずることがある。

（同条第2項～第3項）

3. 船舶の標示は，明瞭で長期間耐える方法で行わなければならない。

（則第46条）

4. 標示すべき事項に変更を生じたときは，遅滞なく，その標示を改めなければならない。 （則第47条）

§4-7 小型船舶に対する船籍港等に関する規定の適用除外（第20条）

総トン数20トン未満の船舶及び一定のろかい舟は，船舶法第4条～第19条の規定を適用しない。

したがって，船舶国籍証書の規定も適用されないが，それに代わるものとして，小型船舶の登録等に関する法律（平成13年7月4日法律第102号）に，次の規定が定められている。

1. 小型船舶（総トン数20トン未満の船舶で，ろかい舟等一定のものを除く。）は，小型船舶登録原簿に登録を受けたものでなければ，航行の用に供してはならない。 （第3条）

2. 日本船舶である小型船舶の所有者は，国土交通大臣から有効な国籍証明書の交付を受け，これを船舶内に備え置き，かつ，国土交通省令で定めるところにより船名を表示しなければ，当該船舶を国際航海に従事させてはならない。 （第25条）

練 習 問 題

問 船舶法の目的を述べよ。（三級）

〔**ヒント**〕 §4-1

問 日本船舶の「国旗の掲揚」について，次の問いに答えよ。

(1) どんな場合に掲げなければならないか，2例をあげよ。

(2) (1)の場合，どこに掲げなければならないか。（四級，当直三級）

〔**ヒント**〕 (1) §4-2(2)　(2) 船舶の後部

問 船舶法について述べた次の(A)と(B)について，それぞれの正誤を判断し，下の(1)～(4)のうちからあてはまるものを選べ。

(A) 日本船舶の所有者は，管海官庁に船舶の登録をしなければならない。
(B) 船舶を登録すると，船舶国籍証書が交付される。

(1) (A)は正しく，(B)は誤っている。　(2) (A)も(B)も正しい。

(3) (A)は誤っていて，(B)は正しい。　(4) (A)も(B)も誤っている。（六級）

〔**ヒント**〕 (2) §4-3

問 船舶国籍証書とは，どういう証書か。また，この証書の交付を受けなければならない船舶は，どんな船舶か。（五級，四級）

〔**ヒント**〕 (1) §4-4(1)〔**注**〕

(2) 総トン数20トン以上の日本船舶（第20条）

〔**注**〕 総トン数20トン未満の日本船舶については，§4-7参照。

問 船舶国籍証書の記載事項に変更を生じたとき，船舶所有者は，その書換えをいつまでに申請しなければならないか。（三級）

〔**ヒント**〕 変更の事実を知った日より2週間内に申請する。(§4-5)

問 船舶国籍証書の検認についての次の文の［　］内にあてはまる語句を記号とともに示せ。

船舶国籍証書の検認の期日は，船舶国籍証書の交付を受けた日又は船舶国籍証書について前回の検認を受けた日から，総トン数100トン以上の鋼製船舶にあっては［(ア)］を，総トン数100トン未満の鋼製船舶にあっては［(イ)］を，木製船舶にあっては［(ウ)］を経過した後であることを要する。（四級）

〔**ヒント**〕 (ア) 4年　(イ) 2年　(ウ) 1年　(§4-4(2))

問 船舶国籍証書は，どんな法律に定められているか。また，同証書にはどんなことが記載されているか。（四級，三級）

〔**ヒント**〕 (1) 船舶法　(2) §4-5〔**注**〕

問 船舶国籍証書の書換えを申請しなければならないのは，どのようなときか。又，この申

請は，いつまでに行わなければならないか。 （三級）

〔ヒント〕 (1) ① 記載事項に変更を生じたとき
② き損・滅失したとき
(2) その事実を知った日より 2 週間内 （§4-5）

問 船舶国籍証書を受有する船は，どんなことを船体に標示しなければならないか。
（三級）

〔ヒント〕 §4-6

問 日本船舶は，船舶法施行細則の定めるところにより船舶の名称などを標示することになっているが，「喫水の尺度」については，どのように標示しなければならないことになっているか。 （五級，四級，当直三級）

〔ヒント〕 §4－6の1. ③

問 次のことは，それぞれ何という法規に規定されているか。

(1) 日本船舶は，法令の定めるところに従い日本の国旗を掲げなければならないこと。

(2) 航行区域には，平水区域，沿海区域，近海区域及び遠洋区域の 4 種類があること。

(3) 何人も，油又は廃棄物の排出その他の行為により海洋を汚染しないように努めなければならないこと。

(4) 船長は，航海日誌を船内に備え置かなければならないこと。

(5) 船員は，防火標識のある所で，その標識に表示されている禁止行為をしてはならないこと。 （五級）

〔ヒント〕 (1) 船舶法 (2) 船舶安全法・同法施行規則 (3) 海洋汚染等及び海上災害の防止に関する法律 (4) 船員法 (5) 船員労働安全衛生規則

第５編　船舶のトン数の測度に関する法律

§5-1　船舶のトン数の測度に関する法律の趣旨（第１条）

船舶のトン数の測度に関する法律は，1969年の船舶のトン数の測度に関する国際条約（以下「条約」という。）を実施するとともに，海事に関する制度の適正な運営を確保するため，船舶のトン数の測度及び国際トン数証書の交付に関し必要な事項を定めたものである。（第１条）

船舶のトン数は，船舶の運航に関する多くの海事法令の適用の基準として，あるいはトン税などを課す基準として広く使用されているものである。しかし，長らく国際的に統一されたトン数測度の基準がなく国際間に不均衡があった。

そこで，国際的にこれを統一する努力がなされた結果，上記の条約が採択され，昭和57年７月18日に発効した。これに伴い，国内法が制定されたものである。

§5-2　国際総トン数（第４条）

国際総トン数は，条約及び条約の附属書の規定に従って定められた基準によって算定されるトン数であり，主として国際航海に従事する船舶の大きさを表すための指標として用いられる指標である。（第１項）

§5-3　総トン数（第５条）

総トン数は，わが国における海事に関する制度において，船舶の大きさを表すための主たる指標として用いられる指標である。（第１項）

一定の船舶について，条約による総トン数（国際総トン数）がわが国の従来の総トン数に比べて大きく算定されるので，従来の総トン数に近似した数値が得られるよう，国際総トン数となるべき数値に一定の係数（国土交通省令）を乗じたものを国内法の適用基準とすることとしたが，トン数を使用する大部分

【試験細目】

三級	船舶のトン数の測度に関する法律	口述のみ
四級，五級，六級，当直三級	なし	——

の法令が総トン数を適用基準としていることから，法的安定性を考慮してこのトン数を「総トン数」としたものである。

§5-4 純トン数（第6条）

純トン数は，旅客又は貨物の運送の用に供する場所とされる船舶内の場所の大きさを表すための指標として用いられる指標である　（第1項）

§5-5 載貨重量トン数（第7条）

載貨重量トン数は，船舶の航行の安全を確保することができる限度内における貨物等の最大積載量を表すための指標として用いられる指標である。
（第1項）

§5-6 国際トン数証書（第3条，第8条）

（1） 国際トン数証書は，国際総トン数（§5-2）及び純トン数（§5-4）を記載した証書であって，国際航海に従事する長さ24メートル以上の日本船舶に交付されるものである。　（第3条第5項）

（2） 長さ24メートル以上の日本船舶の船舶所有者は，国土交通大臣から国際トン数証書の交付を受け，これを船舶内に備え置かなければ，船舶を国際航海に従事させてはならない。　（第8条第1項）

（3） 船舶所有者は，国際総トン数証書の記載事項について変更があったときは，その変更のあった日から2週間以内に，国土交通大臣に対し，その書換えを申請しなければならない。　（第8条第3項）

練 習 問 題

問 国際総トン数とは，どんなものか。　（三級）

〔**ヒント**〕 §5-2

問 船舶所有者は，どんな場合に国際トン数証書の交付を受けていなければならないか。また，同証書には，どんなことが記載されているか。　（三級）

〔**ヒント**〕 (1) §5-6(2)　(2) §5-6(1)

第6編　船舶安全法

船舶安全法及び同法施行規則

§6-1　船舶安全法の目的（第1条）

船舶安全法は，船体及び機関の構造並びに諸設備について最低基準を定め，適用船舶に対してこれらの施設を強制するとともに，船舶検査を行うことによって，船舶の堪航性を保持し，かつ，人命の安全を保持することを目的としている。

§6-2　船舶の所要施設（第2条）

船舶は，次に掲げる事項について，国土交通省令（漁船のみに関するものについては，国土交通省令・農林水産省令（漁船特殊規則・漁船特殊規程・小型漁船安全規則））の定めるところにより施設しなければならない。

① 船体　② 機関　③ 帆装　④ 排水設備
⑤ 操舵，係船及び揚錨の設備　⑥ 救命及び消防の設備
⑦ 居住設備　⑧ 衛生設備　⑨ 航海用具
⑩ 危険物その他の特殊貨物の積付け設備
⑪ 荷役その他の作業の設備　⑫ 電気設備
⑬ 前号のほか，国土交通大臣において特に定める事項（第2条第1項）

上記第1項の規定は，小型の舟及び長さ12メートル未満の船舶等で国土交通大臣の定めるものには，適用しない。（第2条第2項，則第2条）

§6-3　満載喫水線の標示（第3条）

「満載喫水線」とは，船舶の堪航性を保持するため，貨物の過載によって乾舷が不足することのないように，船体の沈下の限度，すなわち貨物を積み得る喫

【試験細目】

三級，四級，五級，当直三級	船舶安全法及び同法施行規則	口述のみ
六級	同上	筆記・（口述）

水の限度を季節，海域，海水・淡水の別などに応じて定めたものである。

満載喫水線は，国土交通省令（船舶安全法施行規則，満載喫水線規則等）の定めるところにより，次に掲げる船舶に標示しなければならない。ただし，潜水船など一定のもの（則第３条）は除かれる。（第３条）

1. 遠洋区域又は近海区域を航行区域とする船舶
2. 沿海区域を航行区域とする長さ24メートル以上の船舶
3. 総トン数20トン以上の漁船

§6-4　無線電信等の強制（第４条）

船舶は，国土交通省令（船舶安全法施行規則，船舶設備規程等）の定めるところにより，その航行する水域に応じ，電波法による無線電信又は無線電話であって船舶の堪航性及び人命の安全に関し陸上との間において相互に行う無線通信に使用し得るもの（以下「**無線電信等**」という。）を施設しなければならない。（第４条第１項本文）

ただし，この規定は，一定の船舶（一定の小型の船舶，短い航路のみを航行する船舶，臨時航行許可証を受有している船舶等…第32条の２，則第４条～第４条の２）には，適用されない。（第４条第１項ただし書・第２項）

〔**注**〕 GMDSS

現在の海上遭難通信システムは，GMDSS（Global Maritime Distress and Safety System）といわれるもので，従来のモールス電信を主体としたシステムを改善し信頼性の高いものにするため，SOLAS条約（§12-1）が改正され，導入された。

GMDSSは，海上における遭難及び安全のため世界的に通信網を確立した制度で，最新のデジタル通信技術，衛星通信技術等を利用して，世界のいかなる水域にある船舶も遭難した場合には，捜索救助機関や付近航行船舶に対して迅速確実に救助要請ができ，更に，陸上からの航行安全にかかわる情報を適確に受信することもできる。

各種の無線機器を最大限に利用して全ての水域をカバーするため，海岸局からの電波の通達距離により水域をA1～A4水域の４つに区分し（§6-6），それらの水域ごとに一定の無線設備を備え付けることが定められている。又，常に有効な機能状態を保持するため，設備の二重化・陸上保守・船上保守の要件が定められている。

（則第60条の５～８）

§6-5　航行区域（第９条）

航行区域は，平水区域，沿海区域，近海区域及び遠洋区域の４種がある。

（第９条，則第５条）

これらの区域の範囲（水域）について，国土交通省令（船舶安全法施行規則）は，次のとおり定めている。（則第１条第６項～第９項）

1. 「平水区域」とは，湖，川及び港内の水域，並びに特定された51の水域（要旨）をいう。
2. 「沿海区域」とは，日本本土及び特定の主たる島の海岸から20海里以内（又は一定の境界内）の水域（要旨）をいう。
3. 「近海区域」とは，東は東経175度，南は南緯11度，西は東経94度，北は北経63度の線により囲まれた水域をいう。
4. 「遠洋区域」とは，すべての水域をいう。

〔注〕 航行区域（漁船にあっては従業制限）は，最大搭載人員，制限汽圧及び満載喫水線の位置とともに，「船舶検査証書」に記載される。（第９条）

§6-6 無線電信等に関する水域（A1～A4水域）（第29条の３）

国土交通省令（船舶安全法施行規則）は，世界の水域を各種の無線設備の電波の通達距離によって区分し，次のとおり４種の水域を定めている。

（第29条の３，則第１条第10項～第13項）

1. 「Ａ１水域」とは，当該水域において海岸局との間でVHF（超短波）無線電話により連絡を行うことができ，かつ，海岸局に対してVHFデジタル選択呼出装置により遭難呼出しの送信ができる水域（湖川を除く。）であって告示で定めるもの及びSOLAS条約の締約国である外国の政府（以下「締約国政府」という。）が定めるものをいう。

   要するに，超短波の電波でカバーされる水域である。

   〔注〕 同告示は，現在のところ出されていない。

2. 「Ａ２水域」とは，当該水域において海岸局との間で（中波）無線電話により連絡を行うことができ，かつ，海岸局に対してデジタル選択呼出装置により遭難呼出しの送信ができる水域（湖川及びＡ１水域を除く。）であって告示で定めるもの，及び締約国政府が定めるものをいう。

   要するに，中波の電波でカバーされる水域（湖川及びＡ１水域を除く。）である。

〔注〕 同告示は，次に掲げる地点を中心とする半径150海里（第11号及び第24号に掲げる地点にあっては，100海里）の円内の水域から構成される水域とす

る，と定めている。 （平成 5 年運輸省告示第639号）

⑴ 45° 30′ 44″N，141° 56′ 20″Eの地点

⑵ 44° 20′ 56″N，143° 21′ 42″Eの地点

⋮ （略）

㉓ 26° 9′ 11″N，127° 45′ 42″Eの地点

㉔ 24° 21′ 50″N，124° 12′ 51″Eの地点

3. 「A３水域」とは，当該水域においてインマルサット（国際海事衛星）直接印刷電信又はインマルサット無線電話により海岸地球局と連絡を行うことができる水域（湖川，A１水域及びA２水域を除く。）であって告示で定めるものをいう。

要するに，インマルサットでカバーされる水域（湖川，A１～A２水域を除く。）である。

〔**注**〕 同告示は，インマルサット静止衛星の仰角が５度以上となる水域とする，と定めている。 （平成４年運輸省告示第50号）

4. 「A４水域」とは，湖川，A１水域，A２水城及びA３水域以外の水域をいう。

§6-7 最大搭載人員（第９条）

「最大搭載人員」とは，船舶の安全を確保するため，船舶に搭載することが認められる最大限の人員をいう。

（１） 最大搭載人員

最大搭載人員は，船舶の航行区域，居室，設備などに応じて，①旅客，②船員，③その他の乗船者の別に，次の規程又は規則に定められている。

漁船以外の船舶	船舶設備規程又は小型船舶安全規則
漁船	漁船特殊規程又は小型漁船安全規則

最大搭載人員は，航行区域，制限汽圧及び満載喫水線の位置とともに，「船舶検査証書」に記載される。 （第９条，則第８条）

船舶は，原則として，最大搭載人員を超えて，旅客，船員及びその他の者を搭載することはできない。

これを変更しようとするときは，船舶検査証書の書換えを申請しなければならない。 （則第38条）

（2）　換算方法（則第9条）

1.　最大搭載人員には，1歳未満の者は算入しないものとし，又，国際航海に従事しない船舶に限り1歳以上12歳未満の者2人をもって1人に換算する。

2.　貨物を旅客室，船員室その他の最大搭載人員を算定した場所に積載した場合は，これをその占める場所に対応する人員とみなす。

§6-8　安全管理手引書（則第12条の2）

安全管理手引書は，船舶所有者が，国際航海に従事する旅客船，タンカー，液化ガスばら積船，液体化学薬品ばら積船，バルクキャリア，高速船などの一定の船舶（旅客船を除いて総トン数500トン以上に限る。）ごとに，SOLAS条約附属書に規定する国際安全管理規則に従って，当該船舶の航行の安全を確保するため当該船舶及び当該船舶を管理する船舶所有者の事務所において行われるべき安全管理に関する事項について作成した手引書である。

これは，同規則に規定する適合証書の写し及び安全管理証書とともに，当該船舶に備え置かなければならない。　（第1項。第2項～第3項　略）

§6-9　検査の種類（第5条～第6条）

検査は，次の種類に区別されている。

1.　定期検査
2.　中間検査（第1種中間検査，第2種中間検査及び第3種中間検査）
3.　臨時検査
4.　臨時航行検査
5.　特別検査
6.　製造検査
7.　予備検査（一定の物件の検査）

§6-10　定期検査（第5条）

定期検査とは，①船舶を日本船舶として，初めて航行の用に供するとき，又は②船舶検査証書の有効期間が満了したときに，次の事項について行う精密な検査である。　（第5条第1項第1号）

1.　船体

2. 機関
3. 帆装
4. 諸設備（排水設備，操舵・係船・揚錨設備，救命・消防設備，居住設備，衛生設備，危険物等の積付設備，荷役等の設備及び電気設備）
5. 航海用具
6. 満載喫水線
7. 無線電信等

なお，定期検査は，船舶検査証書の有効期間の満了前に受けることができる。

（則第17条）

§6-11 中間検査（第5条）

中間検査とは，定期検査と定期検査との中間において国土交通省令の定める時期に行う簡易な検査である。（第5条第1項第2号）

「国土交通省令」は，次のとおり定めている。（則第18条）

（1） 中間検査の種類

中間検査は，第1種中間検査，第2種中間検査及び第3種中間検査に分かれる。

1. 第1種中間検査は，次の各号に掲げる検査を行う中間検査をいう。
   ① 船体，機関，排水設備，操舵・係船・揚錨設備，荷役等の設備，電気設備及びその他国土交通大臣が特に定める事項について行う船体を上架すること又は管海官庁がこれと同等と認める準備を必要とする検査
   ② 上記①と同じ事項について行う船体を上架すること又は管海官庁がこれと同等と認める準備を必要としない検査
   ③ 帆装，居住設備及び衛生設備について行う検査
   ④ 救命・消防設備，航海用具，危険物その他の特殊貨物の積付け設備，満載喫水線及び無線電信等について行う検査。
2. 第2種中間検査は，上記1. の②及び④に掲げる検査を行う中間検査をいう。
3. 第3種中間検査は，上記1. の①及び③に掲げる検査を行う中間検査をいう。

（2）　中間検査の時期

中間検査の時期は，施行規則第18条第２項～第７項に定められている。例えば，次表のとおりである。

区　　分	種　類	時　　期
(4)　国際航海に従事する長さ24メートル以上の船舶（前３号に掲げる船舶（旅客船など一定のもの）及び専ら漁ろうに従事する船舶を除く。）	第２種中間検査	検査基準日（船舶検査証書の有効期間が満了する日に相当する毎年の日をいう。）の前後３月以内
	第３種中間検査	定期検査又は第３種中間検査に合格した日から，その日から起算して36月を経過する日までの間

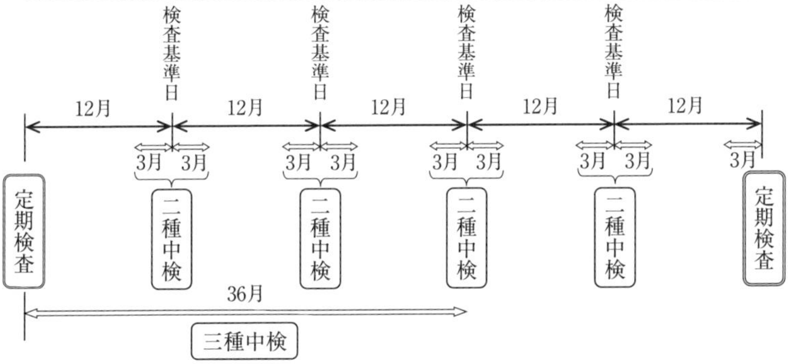

検査の時期の例（国際航海に従事する長さ24メートル以上の船舶）
（一定の旅客船や原子力船，専ら漁ろうに従事する船舶等は除く）

なお，船舶（一定のもの）が中間検査の時期に航海中となる場合に，管海官庁又は日本の領事官は，申請により，中間検査の時期の延期をすることができる。　（則第46条の４）

§6-12　臨時検査（第５条）

臨時検査とは，船体，機関などの所要施設，満載喫水線又は無線電信等について，次のときに行う検査である。

1.　船舶の堪航性又は人命の安全の保持に影響を及ぼすおそれのある改造又は修理を行うとき。
2.　満載喫水線の位置又は船舶検査証書に記載している条件の変更を受けようとするとき。

3. その他国土交通省令（施行規則）の定めるとき。（第５条第１項第３号）
　例えば，①新たに満載喫水線を標示しようとするとき，②新たに無線電信等を施設しようとするとき，③海難その他の事由により検査を受けた事項について船舶の堪航性及び人命の安全の保持に影響を及ぼすおそれのある変更を生じたときなどである。

§6-13　臨時航行検査（第５条）

臨時航行検査は，船舶検査証書を受有していない船舶を臨時に航行の用に供するときに行う検査である。（第５条第１項第４号）

具体例は，次のとおりである。

1. 日本船舶を所有することができない者に譲渡する目的で，これを外国に回航するとき。
2. 船舶の改造・整備・解撤のため，又は検査・検定・総トン数の測度を受けるため，その場所に回航するとき。
3. 船舶検査証書を受有しない船舶を，やむを得ない事由によって臨時に航行の用に供するとき。（則第19条の２）

〔注〕 この検査に合格した船舶には，臨時航行許可証が交付される。（第９条第２項）

§6-14　特別検査（第５条）

特別検査とは，定期検査，中間検査，臨時検査及び臨時航行検査のほかで，一定の範囲の船舶について施設基準に適合しないおそれがあることにより国土交通大臣が特に必要があると認めたときに行う検査である。（第５条第１項第５号）

例えば，ある種の船舶に同様の事故が続発するため，その材料，構造又は性能が施設基準に適合しているのかどうかを特に検査する必要があると国土交通大臣が認めたときである。

§6-15　製造検査（第６条）

製造検査とは，長さ30メートル以上の船舶を製造する場合，船体，機関，排水設備及び満載喫水線について，製造に着手したときから工事の進行にしたがって，国土交通省令の定めるところにより，設計，外観，材料，圧力，効力などについて行う検査である。

長さ30メートル未満の船舶も，国土交通省令の定めるところにより，検査を受けることができる。（第6条第1項～第2項）

§6-16　予備検査（第6条）

予備検査とは，船舶の所要施設（第2条第1項）に係る物件で，国土交通省令（則第22条・別表第1）の定めるものは，次表に例示するとおり，①物件の製造又は②物件の改造・修理・整備について，船舶に備える前にあらかじめ受けることができる検査である。（第6条第3項）

製造に係る予備検査	船尾骨材，舵，防水戸，内燃機関，船外機，ポンプ，空気圧縮機，弁，遠隔制御装置の制御盤，自動操舵装置，索，救命艇，救命索発射器，火せん，非常用位置指示無線標識装置，遭難信号自動発信器，探照灯，消火器，船灯，汽笛，航海用レーダー，自動衝突予防援助装置，ジャイロコンパス，VHF無線電話設備，コンテナなど（その他多数）
改造・修理・整備に係る予備検査	小型船舶の船体，内燃機関，可変ピッチプロペラ，プロペラ翼，安全弁，コンテナなど。

§6-17　定期検査の準備（則第24条）

定期検査を受ける場合の準備は，次のとおりである。

1. 船体等の次表に掲げる準備
2. 海上試運転の準備
3. 復原性試験の準備

〔注〕次表において「告示」とあるのは，「船舶安全法施行規則に規定する定期検査等の準備を定める告示」（平成9年運輸省告示第420号）である。（§6-18において同じ。）

(1)	船　体	(イ) 船底外板，舵等の船体外部に係る事項の告示で定める外観検査の準備 (ロ) タンク，貨物区画等の船体内部に係る事項の告示で定める外観検査の準備 (ハ) 告示で定める板厚計測の準備 (ニ) 材料試験の準備（初めて検査を受ける場合に限る。） (ホ) 非破壊検査の準備 (ヘ) 圧力試験及び荷重試験の準備 (ト) 水密戸，防火戸等の閉鎖装置の効力試験の準備

(2)	機　　　　関	（略）
(3)	排　水　設　備	(イ)　告示で定める解放検査の準備 (ロ)　圧力試験の準備 (ハ)　効力試験の準備
(4)	操舵，係船及び揚錨の設備	(イ)　錨，錨鎖及び係船用索の告示で定める外観検査の準備 (ロ)　材料試験の準備（初めて検査を受ける場合に限る。） (ハ)　圧力試験の準備 (ニ)　効力試験の準備
(5)	救命及び消防の設備	(イ)　材料試験の準備（初めて検査を受ける場合に限る。） (ロ)　圧力試験の準備 (ハ)　効力試験の準備
(6)	航　海　用　具	効力試験の準備
(7)	危険物その他の特殊貨物の積付設備	(イ)　タンクの告示で定める外観検査の準備 (ロ)　材料試験及び溶接施工試験の準備（初めて検査を受ける場合に限る。） (ハ)　非破壊検査の準備 (ニ)　圧力試験の準備 (ホ)　効力試験の準備
(8)	荷役その他の作業の設備	(イ)　揚貨装置の告示で定める解放検査の準備 (ロ)　揚貨装置の荷重試験の準備 (ハ)　圧力試験及び効力試験の準備
(9)	電　気　設　備	(イ)　材料試験，防水試験，防爆試験及び完成試験の準備（初めて検査を受ける場合に限る。） (ロ)　絶縁抵抗試験の準備 (ハ)　効力検査の準備
(10)	昇　降　設　備	(イ)　告示で定める解放検査の準備 (ロ)　材料試験の準備（初めて検査を受ける場合に限る。） (ハ)　荷重試験（初めて検査を受ける場合に限る。）及び効力試験の準備
(11)	焼　却　設　備	(イ)　告示で定める解放検査の準備 (ロ)　材料試験及び温度試験の準備（初めて検査を受ける場合に限る。） (ハ)　圧力試験の準備 (ニ)　効力試験の準備
(12)	コンテナ設備	(イ)　材料試験の準備（初めて検査を受ける場合に限る。） (ロ)　荷重試験の準備
(13)	満載喫水線	告示で定める標示の検査の準備

§6-18 中間検査の準備（則第25条）

中間検査を受ける場合の準備は，次に掲げるとおりである。

（1） 第1種中間検査の準備（第1項）

(1)	船　体	(イ) 船底外板，舵等の船体外部に係る事項の告示で定める外観検査の準備 (ロ) 水密戸，防火戸等の閉鎖装置の効力試験の準備
(2)	機　関	（略）
(3)	排水設備	(イ) 告示で定める解放検査の準備 (ロ) 効力試験の準備
(4)	操舵，係船及び揚錨の設備	(イ) 錨，錨鎖及び係船用索の告示で定める外観検査の準備 (ロ) 効力試験の準備
(5)	救命及び消防の設備	(イ) 圧力試験の準備 (ロ) 効力試験の準備
(6)	航海用具	効力試験の準備
(7)	危険物の積付設備	効力試験の準備
(8)	電気設備	(イ) 絶縁抵抗試験の準備 (ロ) 効力試験の準備
(9)	焼却設備	効力試験の準備
(10)	満載喫水線	告示で定める標示の検査の準備

管海官庁は，上表の準備のほか，施行規則第24条（定期検査の準備）に規定する準備のうち必要なものを指示することができる。（第5項）

（2） 第2種中間検査の準備（第2項～第3項・第5項）

（略）

（3） 第3種中間検査の準備（第4項～第5項）

（略）

§6-19 臨時検査又は臨時航行検査の準備（則第26条）

臨時検査又は臨時航行検査を受ける場合の準備は，施行規則第24条（定期検査の準備）に規定する準備のうち管海官庁の指示するものとする。

§6-20　特別検査の準備（則第27条）

特別検査を受ける場合の準備は，施行規則第20条（特別検査）第1項の規定による公示により定められた準備のほか，施行規則第24条（定期検査の準備）に規定する準備のうち管海官庁が指示するものとする。

§6-21　製造検査等の準備（則第28条～第30条）

製造検査，予備検査又は特殊な設備（例えば，潜水設備，原子炉設備）等の検査を受ける場合の準備

（略）（条文を参照のこと。）

§6-21の2　船級協会の検査及び船級登録の効果（第8条）

船級協会の検査を受け，船級の登録をした船舶で旅客船（12人を超える旅客定員を有する船舶）以外のものは，その船級を有する間，第2条第1項各号に掲げる事項（§6-2），満載喫水線及び無線電信等に関し，特別検査以外の管海官庁の検査（国土交通省令で定めるものを除く）を受けこれに合格したものとみなされる。

§6-22　船舶検査証書等（第9条）

定期検査に合格した船舶は，航行区域（漁船については従業制限），最大搭載人員，制限汽圧及び満載喫水線の位置を定めた船舶検査証書及び船舶検査済票（小型船舶の場合）が，管海官庁から交付される。

〔**注**〕船舶検査証書は，次の効力をもつ船舶の重要書類である。

1. 船舶の航行権を保障する。
   したがって，証書を受有せず，又は検査を受けるため提出中であるときは，船舶を航行の用に供することは，特定の場合を除いて，禁止されている。
2. 船舶の使用上の条件を示す。
   したがって，証書の記載事項に従わないで船舶を航行の用に供することは，特定の場合を除いて，禁止されている。

§6-22の2　船舶検査証書の有効期間（第10条）

（1）　有効期間

船舶検査証書の有効期間は5年。

ただし，旅客船を除く平水区域を航行区域とする船舶又は小型船舶（総トン数20トン未満の船舶をいう。…第6条の5）で国土交通省令で定めるものは，6年。（第10条第1項）

1. 「国土交通省令で定めるもの（船舶）」とは，危険物ばら積船，特殊船，ボイラを有する船舶，結合した2の船舶など一定の船舶以外の船舶とする。（則第35条）
2. 次の場合は，船舶検査証書の有効期間が満了したものとみなされる。
   ① 船舶検査証書の有効期間の満了前に定期検査を受け，当該定期検査に係る船舶検査証書の交付を受けた場合
   ② 次のいずれかに該当する場合
      イ 第10条第1項ただし書に規定する船舶が，ただし書に規定する船舶以外の船舶となった場合
      ロ 同項ただし書に規定する船舶以外の船舶が，ただし書に規定する船舶となった場合。ただし，変更が臨時的なものである場合は，この限りでない。（則第36条第2項，第3項）
3. 次の場合における船舶検査証書の有効期間は，第1項の規定にかかわらず従前の船舶検査証書の有効期間（下記②の場合においては当初の有効期間）満了日の翌日より起算し5年を経過する日までの期間。
   ① 従前の船舶検査証書の有効期間満了日前3月以内に受けた定期検査に係る船舶検査証書の交付を受けたとき。
   ② 第2項又は第3項（後述）の規定により従前の船舶検査証書の有効期間が延長されたとき。（第10条第4項）

（2） 有効期間の延長

1. 船舶検査証書の有効期間が満了するまでの間において，国土交通省令の定める事由（則第46条の2第1項）により定期検査を受検することができない船舶については，当該船舶検査証書はその有効期間の満了後3月までは効力を有する。この場合の必要な事項は，国土交通省令で定められる。（第10条第2項）
2. 定期検査の結果，船舶検査証書の交付を受けることができる船舶で，国土交通省令の定める事由（則第46条の3第1項）により従前の船舶検査証書の有効期間が満了するまでの間において当該検査にかかる船舶検査証書の交付を受けることができないものについては，従前の船舶検査証

書は，当該検査に係る船舶検査証書の交付までの間5月を限度にその効力を有する。（第10条第3項）

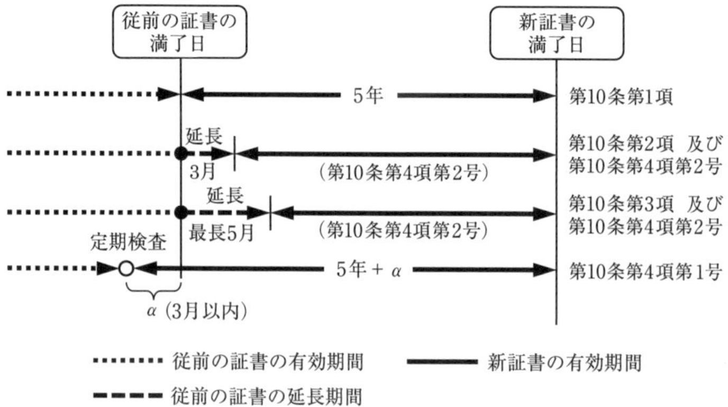

（3）　効力の停止

船舶検査証書は，中間検査，臨時検査又は特別検査に合格しなかった船舶については，これに合格するまで，その効力は停止となる。

（第10条第5項）

（4）　船級登録船の登録抹消等による有効期間の満了

日本の船級協会の検査を受け船級の登録をした船舶で旅客船（12人を超える旅客定員を有する船舶をいう。）でないもの（第8条）（船級登録船）が受有する船舶検査証書は，その船舶が当該船級の登録を抹消され，又は旅客船となったときは，その有効期間が満了したものとされる。

（第10条第6項）

§6-23　船舶検査証書等の備付け（則第40条）

船長は，船舶検査証書及び臨時変更証を船内に備えておかなければならない。

§6-24　船舶検査手帳（第10条の2）

（1）　船舶検査手帳は，船舶の検査に関する事項を記録するための手帳であって，最初の定期検査に合格した船舶に対して管海官庁から交付されるものである。（第10条の2）

（2）　施行規則は，次のとおり定めている。（則第46条）

1.　船舶検査手帳の記載事項は，次のとおりである。

① 検査の時期及びその執行の記録
② 無線電信等の施設の免除に関する記事
③ ドック入れ又は上架の記録
④ 保守の記録
⑤ 検査の記録

2. 船級協会は，検査を行った場合は，それに関する事項を記録するため，船舶検査手帳に必要な事項を記載しておかなければならない。

3. 船舶所有者は，船舶検査手帳に必要な事項を記載しておかなければならない。

4. 船長は，船舶検査手帳を船内に備えておかなければならない。

5. ① 管海官庁は，船舶が定期検査，中間検査，臨時検査，臨時航行検査又は特別検査に合格した場合は，提出中の船舶検査手帳は申請者に返付するものとする。
② 船舶所有者は，同手帳の記載事項に変更を生じたなどの場合は，書換申請書に船舶検査証書及び船舶検査手帳を添えて管海官庁に提出し，書換えを受けなければならない。
③ 船舶所有者は，同手帳を滅失し，又はき損した場合は，再交付申請書に船舶検査証書及び船舶検査手帳（き損した場合に限る。）を添えて，管海官庁に提出し，再交付を受けることができる。

§6-25 堪航性等に関する船舶乗組員の申立て（第12条～第13条）

（1） 船舶乗組員の申立て（第13条）

乗組員が20人未満の船舶にあってはその2分の1以上，その他の船舶（20人以上の船舶）にあっては乗組員10人以上が，国土交通省令の定めるところ（則第50条）により，当該船舶の①堪航性又は②居住設備，衛生設備その他の人命の安全に関する設備について，重大な欠陥があると認めた場合は，管海官庁に申立てをすることができる。

（2） 管海官庁の処分（第13条，第12条第3項）

管海官庁は，申立事項の事実を調査し，必要があると認めたときは，船舶の航行停止その他の処分を行うことができる。

この申立制度を設けたのは，次の理由による。

船舶安全法は，船舶の堪航性を保持し，かつ人命の安全を保持するために，船舶施設について基準を定め，かつ，検査をすることを定めているが，船舶は陸地を遠く離れて航行するため，管海官庁の取締りのみでは安全を期しがたいこともあるので，乗組員の声を聞いて事実を調査し必要に応じて適切な処分（航行停止等）を行い，もって同法の目的を達成しようとするためである。

§6-26 揚貨装置等の使用制限（則第59条～第59条の2）

（1） 揚貨装置は，指定を受けた制限荷重を超える荷重を負荷して使用してはならない。（則第59条第1項。第2項～第5項 略）

（2） 次の各号の1に該当する揚貨装具は，使用してはならない。（則第59条第6項）

1. 有害な変形を生じたもの
2. 磨損又は腐しょくの量が原寸法の10パーセント以上に達したもの
3. き裂を生じたもの
4. シーブが円滑に回転しない滑車
5. より戻しが著しい鋼索又は1ピッチの間において素線が全素線の10パーセント以上切断した鋼索
6. スプライスがすべてのストランドを3回以上編み込んだ後各ストランドの素線の半数を切り残し，更に2回以上編み込むか又はこれと同等以上の効力を有する他の方法により作られた鋼索以外の鋼索
7. 施行規則第57条（制限荷重の決定）第1項の規定により確認をし，又は焼鈍*をした後はじめて使用した日から起算して6月（その径が12.5ミリメートルを超えるものにあっては，12月）を経過したれん（錬）鉄製の鎖，フック，シャックル又はスイベル

*焼鈍（しょうどん）とは，焼き鈍（なま）しのことで，金属の内部のひずみを取り除くため，金属を加熱した後，ゆっくりさますことをいう。

（3） コンテナには，当該コンテナの最大積載重量を超える総重量の貨物を収納してはならない。（則第59条の2第2項。第1項・第3項略）

§6-27 揚貨装具の点検（則第60条）

船舶所有者は，揚貨装具について，施行規則第57条第1項（制限荷重の決定）

の規定により確認をした後12月以内ごとに，及びその使用前に，同第59条第6項各号（§6-26）に掲げる揚貨装具（使用してはならない欠陥のあるもの）でないかどうかの点検を行わなければならない。

§6-28　救命信号（則第63条）

救命施設，海上救助隊並びに捜索及び救助業務に従事している航空機と遭難船舶又は遭難者との間の通信に使用する信号並びに船舶を誘導するために使用する信号の方法並びにその意味は，告示で定める。（則第63条）

「告示」（抄）は，次のとおり定めている。（平成4年運輸省告示第36号）

⑴　船舶又は人が発した遭難信号に対する救命施設又は海上救助隊の応答信号

信号の方法		信号の意味
昼間	⑴　オレンジ色発煙信号 ⑵　約1分の間隔で発射される3個の単信号で構成する光と音響の組合せ信号（サンダーライト）	「認めた。至急救助する。」 （この信号の繰返しは，同じ意味を表す。）
夜間	⑴　約1分の間隔で発射される3個の単信号で構成する白色星火ロケット	

（備考）　必要なときは，昼間信号を夜間に，夜間信号を昼間に使用することができる。

⑵　遭難者を乗せた小艇（以下「小艇」という。）を誘導するための上陸地信号

信号の方法		信号の意味
昼間	⑴　白旗又は両腕の上下運動 ⑵　緑色星火信号の発射 ⑶　「K」（—・—）の信号（発光又は音響信号装置）	「ここが上陸に最適の地点である。」
夜間	⑴　白色の灯火又は炎火の上下運動 ⑵　緑色星火信号の発射 ⑶　「K」（—・—）の信号（発光又は音響信号装置） ⑷　見通し（方向指示）は，安定した白色の灯火又は炎火を低く，かつ，観察者と直線上にあるように置くことによって示すことができる	
昼間	⑴　白旗又は水平に伸ばした両腕の水平運動 ⑵　赤色星火信号の発射 ⑶　「S」（・・・）の信号（発光又は音響信号装置）	「ここに上陸するのは，非常に危険である。」
夜間	⑴　白色の灯火又は炎火の水平運動 ⑵　赤色星火信号の発射 ⑶　「S」（・・・）の信号（発光又は音響信号装置）	

昼間	⑴　白旗を水平に動かし，次いでその白旗を地上に置き，上陸好適地の方向に他の白旗を持って行くこと。 ⑵　赤色星火信号を垂直に発射し，次いで上陸好適地の方向に白色星火信号を発射すること。 ⑶　「S」（・・・）を信号し，次いで，小艇のための上陸好適地が接近の方向よりさらに右側にある場合には「R」（・—・）を，又，同じく左側にある場合には「L」（・—・・）を信号すること。	「ここに上陸するのは，非常に危険である。上陸にさらに好適な地点は，示す方向にある。」
夜間	⑴　白色の灯火又は炎火を水平に動かし，次いでその白色の灯火又は炎火を地上に置き，上陸好適地の方向に他の白色の灯火又は炎火を持って行くこと。 ⑵　上記⑵と同じ信号。 ⑶　上記⑶と同じ信号。	

⑶　沿岸の救命設備の使用に関連して用いる信号

信号の方法		信号の意味
昼間	⑴　白旗又は両腕の上下運動 ⑵　緑色星火信号の発射	一般に 「よろしい。」 特に 「ロケット索をとった。」 「テール・ブロックをしっかり縛った。」 「索をしっかり縛った。」 「救命袋に人を入れた。」 「引け。」
夜間	⑴　白色の灯火又は炎火の上下運動 ⑵　緑色星火信号の発射	
昼間	⑴　白旗又は水平に伸ばした両腕の水平運動 ⑵　赤色星火信号の発射	一般に 「いけない。」 特に「緩めよ。」 「引くのをやめよ。」
夜間	⑴　白色の灯火又は炎火の水平運動 ⑵　赤色星火信号の発射	

⑷　捜索及び救助業務に従事している航空機が遭難船舶（者）（機）の方へ船舶を誘導するために使用する信号

㈠　航空機が船舶に対して発する信号（以下，内容については略する。）

㈡　航空機が発した信号に対する船舶の応答信号

⑸　航空機が遭難者に対して発する信号及び航空機が発した信号に対する遭難者の応答信号

(イ)　航空機が遭難者に対して発する信号
(ロ)　航空機が投下した通信文に対する遭難者の応答信号
(6)　遭難船舶（者）が航空機に対して発する信号及び遭難船舶（者）が発した信号に対する航空機の応答信号
(イ)　遭難船舶（者）が航空機に対して発する信号
(ロ)　遭難船舶（者）が発した信号に対する航空機の応答信号

§6-29　水先人用はしごの使用制限（則第64条）

水先人用はしごは，必要やむを得ない場合のほか，水先人及び関係職員の乗下船以外には使用してはならない。

〔**注**〕 船舶設備規程（第146条の39）は，水先人用はしごの設備について，次のとおり定めている。

1.　①国際航海に従事しない船舶であって総トン数1,000トン以上のもの及び②国際航海に従事する船舶には，機能等について告示で定める要件に適合する水先人用はしごを備えなければならない。ただし，水先人を要招することがない船舶については，この限りでない。

2.　前項1.の規定により水先人用はしごを備える船舶には，次に掲げる設備を備えなければならない。

①　投索及び２のマン・ロープ
②　水先人用はしご及び水先人が乗船する位置を照明するための設備
③　水先人用はしご，舷側はしごその他の設備の頂部から当該船舶に安全かつ容易に出入りするための設備

上記1.の水先人用はしご等の機能等についての要件は，「航海用具の基準を定める告示」（平成14年国土交通省告示第512号）に定められている。

(備考)　小型船舶検査機構

「小型船舶検査機構」とは，小型船舶（総トン数20トン未満の船舶）（国際航海に従事する旅客船など一定のもの（則第14条）を除く。）の堪航性及び人命の安全の保持に資することを目的とし，小型船舶検査事務，型式承認を受けた小型船舶又は小型船舶に係る物件の検定に関する事務，堪航性・人命の安全の保持に関する調査等を行うものである。この機構は，全国で１つ設立される法人で国土交通大臣の認可を受けたものである。

これは，プレジャーボートの激増や小型漁船の遠方海域への出漁に伴う海難事故の増大に対処して，従来適用除外となっていた船舶にも検査を行うもので，小型船舶については，同機構又は政令で指定する都道府県知事が代行することになったものである。（第７条の２ほか）

練 習 問 題

問 船舶安全法について，次の問いに答えよ

⑴ 同法は，どんなことを目的とした法律か。

⑵ 満載喫水線は，どんな目的で定められているか。（四級）

〔**ヒント**〕⑴ §6-1 ⑵ §6-3

問 航行区域は，沿海区域のほかに，どんなものがあるか，また，沿海区域とは，どんな水域をいうか簡単に述べよ。（五級，四級）

〔**ヒント**〕⑴ 平水区域，近海区域，遠洋区域

⑵ 日本本土及び特定の主たる島の沿岸から20海里以内の水域（§6-5）

問 船舶安全法に規定する航行区域に該当しないものは，次のうちどれか。

⑴ 遠洋区域 ⑵ 近海区域 ⑶ 平水区域 ⑷ 河川区域（六級）

〔**ヒント**〕⑷ §6-5

問 安全管理手引書とは，どんなものか。（四級，三級）

〔**ヒント**〕§6-8

問 船舶安全法に規定されている船舶の検査の種類を４つあげよ。（四級）

〔**ヒント**〕定期検査，中間検査，臨時検査，臨時航行検査，特別検査（§6-9）

問 中間検査には，どんな検査の種類があるか。（五級，四級）

〔**ヒント**〕§6-11

問 船舶は，次の⑴～⑶の場合，それぞれどんな検査を受けなければならないか。

⑴ 船舶検査証書の有効期間が満了したとき

⑵ 船舶検査証書に記載した条件の変更を受けようとするとき

⑶ 船舶検査証書を受有していない船舶を臨時に航行の用に供するとき（四級）

〔**ヒント**〕⑴ 定期検査（§6-10） ⑵ 臨時検査（§6-12）

⑶ 臨時航行検査（§6-13）

問 船舶安全法による定期検査を受ける場合，次の⑴及び⑵についてはどんな準備をしなければならないか。（三級）

⑴ 船体 ⑵ 航海用具

〔**ヒント**〕⑴ 則第24条第１号に定める準備（§6-17の表の⑴）

⑵ 効力試験の準備（同表の⑹）

問 第１種中間検査を受ける場合は，船体関係についてどのような検査の準備をしなければならないか。（三級）

〔**ヒント**〕§6-18(１)

問 船舶検査証書は，船舶安全法に規定するどんな事項について記載しているか，4つあげよ。 （四級，三級）

〔ヒント〕 ① 航行区域（漁船にあっては従業制限） ② 最大搭載人員 ③ 制限汽圧 ④ 満載喫水線の位置 ⑤ その他航行上の条件 （§6-22）

問 船舶安全法に規定する「船舶検査証書」の取扱いについて述べた次の文のうち，正しいものはどれか。

⑴ 船舶検査証書は，本社に保管しておかなければならない。

⑵ 船舶検査証書は，船長室に掲げておかなければならない。

⑶ 船舶検査証書は，船長が金庫に保管しておかなければならない。

⑷ 船舶検査証書は，船長が船内に備えておかなければならない。 （六級）

〔ヒント〕 ⑷ §6-23

問 船長は，船舶検査証書をどのようにしておかなければならないか。また，船舶検査証書の有効期間が満了したときは，船はどんな種類の検査を受けなければならないか。 （五級）

〔ヒント〕 ⑴ 船内に備えておかなければならない。 （§6-23）
⑵ 定期検査 （§6-10）

問 船舶検査手帳は，どんな検査に合格した船舶に交付されるものか。又，船長は，船舶検査手帳の保管についてどのようにしなければならないか。 （三級）

〔ヒント〕 ⑴ 最初の定期検査に合格した船舶
⑵ 船舶検査手帳を船内に備えておかなければならない。 （§6-24）

問 船舶安全法に規定されている堪航性等に関する調査及び処分についての次の文の□内に適合する語句又は数字を記号とともに記せ。

乗組員［㋐］人未満の船舶にあってはその2分の1以上，その他の船舶にあっては乗組員［㋑］人以上が，国土交通省令の定めるところにより当該船舶の堪航性又は［㋒］設備・［㋓］設備その他の人命の安全に関する設備について重大な欠陥がある旨を申し立てた場合は，管海官庁はその事実を調査し必要があると認めるときは，航行停止その他の処分をしなければならない。 （三級）

〔ヒント〕 ㋐ 20 ㋑ 10 ㋒ 居住 ㋓ 衛生 （§6-25）

問 パイロットラダー（水先人用はしご）は，誰でも使えるか。 （三級）

〔ヒント〕 やむを得ない場合のほか，水先人及び関係職員の乗下船以外には使えない。 （§6-29）

船舶設備規程

§6-31　船舶設備規程の趣旨

船舶設備規程は，船舶の堪航性及び人命の安全を保持するため，船舶に備える諸設備についてそれぞれの要件を定め，トン数，長さ，船舶の種類，航行区域，無線電信等に関する水域等，国際航海に従事の有無などに応じて，備えなければならない設備の内容や数量，配置などを規定したものである。

〔**注**〕 同規程の目次を掲げると次のとおりで，下記の設備について規定している。
1. 居住，衛生及び非常用設備（第 2 編）
2. 操舵，係船及び揚錨の設備並びに航海用具（第 3 編）
3. 特殊貨物の積附設備（第 4 編）
4. 荷役その他の作業の設備（第 5 編）
5. 電気設備（第 6 編）
6. 特殊設備（昇降設備，コンテナ設備等）（第 7 編）
7. 無線電信等（第 8 編）

§6-32　艤装数及び錨鎖等の設備（規程第123条，第125条，第128条，第130条）

（1） 艤装数

艤装数は，船舶に装備する錨，錨鎖，係船索及び曳航索の質量，長さ，径，本数又は強度を定める基準となるものである。

艤装数の算定は，「船舶の艤装数等を定める告示」（平成10年運輸省告示第336号）に定められている。

（2） 錨，錨鎖等の設備

船舶は，同告示別表第 1 及び第 2 の定めるところにより，艤装数に応じた質量，長さ，径，本数又は強度の錨，錨鎖，係船索及び曳航索を備えなければならない。

【試験細目】

三級	船舶設備規程	口述のみ
四級，五級，六級，当直三級	なし	——

§6-33 錨鎖の衰耗限度（規程第125条）

錨鎖は，衰耗の最も著しい箇所における平均の径がその原径に応じて定められている前記告示別表第4（錨鎖衰耗限度表）に定める径より大でなければならない。

したがって，錨鎖の衰耗が限度以下となったときは，使用することができず，錨鎖を更新しなければならない。

〔**注**〕 同告示別表第4によれば，例えば，原径30ミリメートルの錨鎖は，27ミリメートル（衰耗の最も著しい箇所における平均の径）以下に衰耗したら使用できなくなる。

§6-34 船橋からの視界の要件（規程第115条の23の3第1項）

全長55メートル以上の船舶の船橋からの視界は，「船橋からの視界及び船橋に設ける窓の要件を定める告示」（平成10年運輸省告示第337号）により，その要件が，次のとおり定められている。（バラスト水の張排水中にあっては，下記(1)及び(3)に掲げる要件を除く。）

〔**注**〕 ロールオン・ロールオフ旅客船の場合を略する。

(1) 監視場所において，正船首方向から左右それぞれ10度の範囲で，すべての使用状態において，船首より船舶の全長の2倍又は500メートルのいずれか短い距離以上離れた水面が明瞭に視認できるものであること。ただし，(2)に掲げる要件に適合する死角にあっては，この限りでない。

(2) 監視場所において，正船首方向から左右それぞれ90度の範囲（操舵室内を除く。）における死角が，次に掲げる要件に適合するものであること。

1. 一の障害物による死角が10度を超えないものであること（監視場所から正船首方向に左右それぞれ10度の範囲では，5度を超えないものであること。）。
2. 死角の合計が，20度を超えないものであること。
3. 他の死角との間の角度が5度より大きいものであること。

(3) 船橋内から水平線が視認できる角度は，次の表の左欄に掲げる場所に応じ，それぞれ同表の右欄に掲げる角度より大きいものであること。

場　所	角　　度
監視場所	正船首方向から左右いずれにも112.5度
操舵場所	正船首方向から左右いずれにも60度
ウイング	正船首方向から当該ウイング側に180度，反対舷のウイング側に45度

（4） 船橋の左右いずれのウイングからも，当該ウイングのある舷側の船側が明瞭に視認できること。

〔注〕「船橋における窓」の要件については，前記告示を参照のこと。

§6-35　航海用具の備付け（規程第146条の2～第146条の50）

属具（船灯等）をはじめ，電子海図情報表示装置，航海用レーダー，自動衝突予防援助装置，航海用レーダー反射器，磁気コンパス，ジャイロコンパス，音響測深機，衛星航法装置，船舶自動識別装置，航海情報記録装置，VHFデジタル選択呼出聴守装置，遭難信号送信操作装置，遭難信号受信警報装置，水先人用はしご，船橋航海当直警報装置など多くの航海用具は，すべて船舶設備規程によって備えることが義務付けられている。

〔注〕 **航海用具の備付けの具体例**をあげると，次のとおりである。

航海用レーダー（規程第146条の12）

船舶（総トン数300トン未満の船舶であって旅客船以外のものを除く。）には，機能等について告示で定める要件に適合する航海用レーダー（総トン数3,000トン以上の船舶にあっては，独立に，かつ，同時に操作できる2の航海用レーダー）を備えなければならない。ただし，国際航海に従事しない旅客船であって総トン数150トン未満のもの及び管海官庁が当該船舶の航海の態様等を考慮して差し支えないと認める場合には，この限りでない。　（第1項。第2項　略）

§6-36　無線電信等の施設（規程第311条の22）

船舶には，その航行する水域（A1，A2，A3，A4など。§6-6参照）に応じて，それぞれ一定の無線電信等を備えなければならない。

〔注〕 無線電信等の備付けの具体例をあげると，次のとおりである。

A3水域，A2水域又はA1水域のみ（湖川を含む。）を航行する船舶（A2水域又はA1水域のみ（湖川を含む。）を航行するものを除く。）

区　　分	無線電信等
国際航海旅客船等	(略)
国際航海旅客船等以外の船舶	イ (1)から(4)までのいずれかの無線電信等 (1) HF直接印刷電信 (2) HF無線電話 (3) インマルサット直接印刷電信 (4) インマルサット無線電話 ロ MF無線電話 ハ VHF無線電話
備考 (略)	

練 習 問 題

問 艤装数とはどのようなものかを知るには，何という法規を調べればよいか。 (三級)

〔**ヒント**〕 船舶設備規程，船舶の艤装数等を定める告示（§6-32）

問 錨，錨鎖及び索の数・重さ・長さ・径は，何によって決まるか。また，それらはどんな法令に定められているか。 (三級)

〔**ヒント**〕 (1) 艤装数 (2) 船舶設備規程，船舶の艤装数等を定める告示 (§6-32)

問 錨鎖を使用してはならないとされる衰耗限度を述べよ。 (三級)

〔**ヒント**〕 錨鎖の衰耗の最も著しい箇所の平均の径が，その原径に応じて定められている錨鎖衰耗限度表（前記告示別表第４）に定めるもの以下となったとき。（§6-33）

問 船橋からの視界の要件は，どんな法令に定められているか。 (三級)

〔**ヒント**〕 §6-34

問 船橋に備えなければならない個々の航海用具については，どんな法令に定められているか。 (三級)

〔**ヒント**〕 船舶設備規程（§6-35）

問 船舶設備規程に定められている航海用具には，船灯，コンパス及び音響測深機のほか，どんなものがあるか，５つあげよ。 (三級)

〔**ヒント**〕 §6-35

船舶消防設備規則

§6-51　消防設備の要件（規則第５条）

次に掲げる消防設備は，告示で定める要件に適合するものでなければならない。

1．射水消防装置…①消火ポンプ　②非常ポンプ　③送水管　④消火栓　⑤消火ホース　⑥ノズル　⑦水噴霧放射器　⑧水噴霧ランス　⑨移動式放水モニター　⑩国際陸上施設連結具

2．固定式鎮火性ガス消火装置　3．固定式泡消火装置

4．固定式高膨張泡消火装置　5．固定式加圧水噴霧装置

6．固定式水系消火装置　7．自動スプリンクラ装置

8．固定式甲板泡装置　9．固定式イナート・ガス装置

10．機関室局所消火装置

11．消火器…①液体消火器　②泡消火器　③鎮火性ガス消火器　④粉末消火器　12．持運び式泡放射器

13．消防員装具及び消防員用持運び式双方向無線電話装置

14．火災探知装置　15．手動火災警報装置

16．可燃性ガス検定器

〔注〕第１種船などの定義（規則第１条の２第１項）

消防設備の備付数量及び備付方法（規則第２章）は，第１種船，第２種船，第３種船又は第４種船に大別して規定されているが，それらの定義は，次のとおりである。（船舶救命設備規則第１条の２と同じ。詳しくは，同条を参照のこと。）

1. 第１種船…国際航海に従事する旅客船をいう。
2. 第２種船…国際航海に従事しない旅客船をいう。
3. 第３種船…国際航海に従事する総トン数500トン以上の船舶であって，第１種船及び専ら漁ろうに従事する船舶など一定のもの以外のものをいう。
4. 第４種船…①国際航海に従事する総トン数500トン未満の船舶であって，第１

【試験細目】

三級，当直三級	船舶消防設備規則	口述のみ
四級，五級，六級	なし	——

種船及び一定の漁船以外のもの，並びに②国際航海に従事しない船舶であって，第2種及び一定の漁船（前記）以外のものをいう。

§6-52　消防設備の迅速な利用（規則第72条）

消防設備は，いかなる時にも良好な状態を保ち，かつ，直ちに使用することができるようにしておかなければならない。

§6-53　手引書（規則第73条）

（1）　第1種船及び第3種船には，消火又は火災の防止のためのすべての装置及び設備の維持及び操作に関する手引書を，容易に近づくことができる場所に，直ちに利用することができるように覆いをして備えておかなければならない。（第1項）

（2）　第2種船及び第4種船であって，自動スプリンクラ装置，固定式イナート・ガス装置又は火災探知装置を備え付けるものには，当該装置の維持及び操作に関する手引書を備えておかなければならない。（第2項）

§6-54　消火器の備付けの制限（規則第74条）

（1）　船舶の居住区域には，炭酸ガス消火器を備え付けてはならない。（第1項）

（2）　船舶の制御場所及び航行の安全のための電気設備がある場所には，電気伝導性のある消火剤又は有害な消火剤を用いた消火器を備え付けてはならない。（第2項）

練　習　問　題

問 船舶に備え付ける消防設備にはどんなものがあるか，5つあげよ。（当直三級）

〔**ヒント**〕　§6-51

問 船舶消防設備規則は，「消防設備の迅速な利用」についてどのように定めているか。（三級）

〔**ヒント**〕　§6-52

問 船舶の居住区域において備え付けてはならない消火器とは，どんなものか。（三級）

〔**ヒント**〕　炭酸ガス消火器（§6-54）

危険物船舶運送及び貯蔵規則

§6-61　危険物船舶運送及び貯蔵規則の趣旨（規則第1条）

危険物船舶運送及び貯蔵規則は，船舶安全法（第28条）に基づいて制定された国土交通省令であって，危険物による危害の発生を防止するため，①船舶による危険物の運送及び貯蔵，②常用危険物の取扱い，③これらに関し施設しなければならない事項及びその標準については，他の命令の規定によるほか，この規則の定めるところによることを定めたものである。

〔**注**〕1.　上記の「他の命令」には，特殊貨物船舶運送規則（穀類のばら積み運送，固体貨物のばら積み運送，木材の甲板積み運送）がある。

2.　「危険物」とは，次に掲げるもの（大要）をいう。（規則第2条第1号）

(イ)　火薬類 (ロ)　高圧ガス (ハ)　引火性液体類 　(1)　引火点が60℃以下の液体で，告示で定めるもの。 　(2)　引火点が60℃を超える液体であって当該液体の引火点以上の温度で運送されるもので，告示で定めるもの。 　(3)　加熱され液体の状態で運送される物質であって当該物質が引火性蒸気を発生する温度以上の温度で運送されるもので，告示で定めるもの。 (ニ)　可燃性物質類 　(1)　可燃性物質 　(2)　自然発火性物質	(3)　水反応可燃性物質 (ホ)　酸化性物質類 　(1)　酸化性物質 　(2)　有機過酸化物 (ヘ)　毒物類 　(1)　毒物 　(2)　病毒をうつしやすい物質 (ト)　放射性物質等 　(1)　放射性物質 　(2)　放射性物質によって汚染された物 (チ)　腐食性物質 (リ)　有害性物質　(イ)から(チ)までに掲げる物質以外の物質であって人に危害を与え，又は他の物件を損傷するおそれのあるもので，告示で定めるもの。

3.　「ばら積み液体危険物」とは，ばら積みして運送される液体の物質であって，次に掲げるもの（大要）をいう。（規則第2条第1の2号）

【試験細目】

三級，四級，五級，当直三級	危険物船舶運送及び貯蔵規則	口述のみ
六級	同上	筆記・(口述)

(イ)　液化ガス物質
(ロ)　液体化学薬品
(ハ)　引火性液体物質
(ニ)　有害性液体物質

4. 「常用危険物」とは，船舶の航行又は人命の安全を保持するため，当該船舶において使用する危険物をいう。　(規則第2条第2号)

例えば，当該船舶において使用するアセチレン，機関用燃料，灯油，洗浄油，高圧ガス，酸素，医薬品，消毒薬，火工品などである。

§6-62　工事の制限及び施工前の措置（規則第5条）

（1）　工事の制限

1. 火薬類を積載し，又は貯蔵している船舶においては，工事（溶接，リベット打その他火花又は発熱を伴う工事をいう。）をしてはならない。

(第1項)

2. 火薬類以外の危険物又は引火性若しくは爆発性の蒸気を発する物質を積載し，又は貯蔵している船倉若しくは区画又はこれに隣接する場所においては，工事をしてはならない。　(第2項)

（2）　施工前の措置

1. 火薬類，可燃性物質類又は酸化性物質類を積載し，若しくは貯蔵していた船倉又は区画において工事をする場合は，工事施行者は，あらかじめ，当該危険物の残渣(さ)による爆発又は火災のおそれがないことについて船舶所有者又は船長の確認を受けなければならない。　(第3項)

2. 引火性液体類又は引火性若しくは爆発性の蒸気を発する物質を積載し，若しくは貯蔵していた船倉若しくは区画又はこれらに隣接する場所においては，次の場合を除き，工事，清掃その他の作業を行ってはならない。

① 船倉又は区画の引火性若しくは爆発性の蒸気が新鮮な空気で置換されている場合であって，工事その他の作業施行者が，あらかじめ，ガス検定を行い，爆発又は火災のおそれがないことについて船舶所有者又は船長の確認を受けた場合

② 船倉又は区画内のガスの状態が不活性となっている場合であって，地方運輸局長（運輸監理部長を含む。以下同じ。）が工事方法等を考慮して差し支えないと認めた場合　(第4項)

3. 上記(1)の「工事の制限」の規定は，常用危険物については適用しな

い。

この場合においては，工事前に，爆発又は火災のおそれのないことを確認しなければならない。（第５項）

4. 高圧ガス，引火性液体類，毒物又は腐食性物質で人体に有害なガスを発生するものを積載し，又は貯蔵していたタンカー，タンク船又ははしけのタンク内において工事，清掃その他の作業を行う場合（船員法による船員が当該作業を行う場合を除く。）は，工事その他の作業施行者は，あらかじめ，ガス検定を行い，当該タンク内に危険な量のガスがないことを確認しなければならない。（第６項）

§6-63 危険物の荷役（規則第５条の４～第５条の５）

（１） 危険物荷役時の立会い（規則第５条の４）

危険物の船積み，陸揚げその他の荷役をする場合は，船長又はその職務を代行する者は，これに立ち会わなければならない。

（２） 積付けの拒否（規則第５条の５）

液化ガス物質及び液体化学薬品をばら積みして運送する場合並びに危険物をコンテナに収納し，又は自動車等（一定の自動車，原動機付自転車又は軽車両）に積載して運送する場合であって，当該貨物の安全な運送に必要な情報が得られないときは，船長は，当該貨物の積載を拒否しなければならない。

§6-64 危険物を積載している船舶の標識（規則第５条の７）

湖川港内において航行し，又は停泊する船舶であって，貨物として火薬類，高圧ガス，引火性液体類，有機過酸化物，毒物又は放射性物質等を積載しているものは，次の標識を，マストその他の見やすい場所に掲げなければならない。

昼間……赤旗
夜間……赤灯

ただし，海上交通安全法の危険物積載船が同法・則第22条の規定する標識又は灯火を掲げている場合は，この限りでない。

〔**注**〕 標識を掲げる船舶は，「危険物」のうち，可燃性物質類，酸化性物質，病毒をうつしやすい物質，腐食性物質及び有害性物質を積載している場合は除かれている。これらの場合には，標識を掲げない。

§6-65 危険物取扱規程の供与（規則第5条の8）

（1） 一定の危険物（規則第111条第1項各号）を運送する船舶及びばら積み液体危険物（有害性液体物質を除く。）を運送する船舶（引火性液体物質にあっては，タンカー，タンク船及びタンクを据え付けたはしけ）の船舶所有者は，当該危険物の運送により発生する危険を防止するため，当該危険物に関する性状，作業の方法，災害発生時の措置その他の注意事項を詳細に記載した危険物取扱規程を作成し，船長に供与しなければならない。

（第1項）

なお「一定の危険物」とは，次のものをいう。（規則第111条第1項各号）

①火薬類，②液化ガス，③有機過酸化物，④毒物，⑤放射性物質等であって，等級，質量，容量等が規定のものをいう。

（2） 船長は，危険物取扱規程に記載された事項を乗組員及び当該作業を行う作業員に周知させ，かつ，遵守させなければならない。（第2項）

§6-66 危険物運送中の措置（規則第5条の9）

（1） 船長は，船舶に積載してある危険物により災害が発生しないように十分な注意を払わなければならない。（第1項）

（2） 船長は，人命，船舶又は他の貨物に対する危害を避けるため必要があると認めるときは，船舶に積載してある危険物を廃棄することができる。

（第2項）

§6-67 危険物船積み時の確認義務（規則第19条）

（1） 危険物の船積みをする場合は，船長は，その容器，包装，標札等及び品名等の表示がこの規則の規定に適合し，かつ，危険物明細書の記載事項と合致していることを確認しなければならない（第1項）

（2） 上記（1）の確認をする場合において，その容器，包装，標札等及び品名等の表示に関して，この規則の規定に違反しているおそれがあると認めるときは，証人の立会いの下に荷ほどきして検査することができる。

（第2項）

§6-67の2　積載方法（規則第20条）

危険物を運送する場合は，船長は，その積載場所その他の積載方法に関し告示（船舶による危険物の運送基準を定める告示第14条の４）で定める基準によらなければならない。（第１項。第２項及び第３項　略）

§6-67の3　危険物等の隔離（規則第21条）

（1）　同一の船舶に品名の異なる危険物を積載する場合は，告示（同上第15条第１項）で定める基準により隔離しなければならない。（第１項）

（2）　同一の船舶に危険物及びばら積みして運送する固体化学物質を積載する場合は，告示（同上第15条第２項）で定める基準により隔離しなければならない。（第２項）

§6-68　危険物積荷一覧書（規則第22条）

（1）　船長は，船舶に積載した危険物について，一定の事項を記載した危険物積荷一覧書２通を作成し，うち１通を船舶所有者に交付し，他の１通を船舶内に当該危険物の運送が終了するまで保管しなければならない。（第１項）

（2）　前項の一定の事項が明示された積付図は，危険物積荷一覧書に代えることができる。（第２項）

（3）　船舶所有者は，交付を受けた危険物積荷一覧書又は積付図を陸上の事務所に１年間保管しなければならない。（第３項。第４項～第６項　略）

§6-69　危険物運送船適合証（規則第38条）

（1）　船舶の所在地を管轄する地方運輸局長は，検査（船舶安全法第５条）を受け，防火等の措置についての要件（規則第37条）に適合した船舶について，運送することができる危険物の分類又は項目及び当該危険物の積載場所を指定し，危険物運送船適合証を交付する。（第１項）

（2）　船長は，危険物を運送する場合は，危険物運送船適合証を船内に備え置かなければならない。（第２項）

（3）　船長は，同適合証の交付を受けていない船舶により危険物を運送してはならない。（第３項）

（4）　船長は，（1）により指定された条件に従って危険物を運送しなければならない。　（第4項。第5項～第6項　略）

§6-70　引火性液体類の積載方法，工具等の制限及び電気設備（規則第59条，第60条）

（1）　引火性液体類の積載方法（規則第59条）

引火性液体類を運送する場合は，船長は，その積載場所その他の積載方法に関し告示で定める基準（§6-67の2参照）によるほか，その積載方法に関し告示（同上第19条）で定める基準によらなければならない。

（2）　工具等の制限（規則第60条第1項による準用）

引火点が23℃未満の引火性液体類の荷役をする場所又はこれを積載してある場所及びこれらの付近においては，マッチ，むきだしの鉄製工具その他火花を発しやすい物品を所持し，又は鉄びょうの付いているくつ類をはいてはならない。（規則第47条第3項の準用）

（3）　電気設備（規則第60条第1項による準用）

1.　引火点が23℃未満の引火性液体類を積載する船倉又は区画内に電気回路の端子がある場合は，積載前にその電気回路を電源から遮断し，かつ，当該船倉又は区画内の引火性ガスがなくなった後でなければ電源に接続してはならない。ただし，当該船倉又は区画内に取り付けてある電気器具が防爆型のものであるときは，この限りでない。

2.　引火点が23℃未満の引火性液体類を積載してある船倉又は区画においては，防爆型の懐中電灯及び移動灯以外の照明を用いてはならない。この場合において，移動灯の端子は，暴露甲板上に取り付けなければならない。（規則第57条の準用）

（4）　火気取扱いの制限（規則第60条第2項による準用）

1.　引火性液体類の荷役をする場所又はこれを積載してある場所及びこれらの付近においては，喫煙をし，又は火気を取り扱ってはならない。ただし，船長が，これらの行為が特に必要であると認めた場合であって，危険を防止するため充分な措置を講じた場合は，この限りでない。

2.　船長は，1.の本文の場所に喫煙又は火気の取扱を禁止する旨の表示をしなければならない。（規則第48条の準用）

〔**注**〕　引火性液体類と引火性液体物質の相違（§6-61参照）

引火性液体類：規則第 2 条第 1 号(ハ)に規定する危険物
引火性液体物質：ばら積み液体危険物の一つで，規則第 2 条第 1 の 2 号(ハ)に規定する危険物

§6-71　引火性液体物質を運送する油タンカーの火気取扱いの制限等（規則第327条）

（1）　油タンカー内においては，喫煙をし，又は火気を取り扱ってはならない。ただし，船長がこれらの行為が特に必要であると認めた場合であって，危険を防止するために十分な措置を講じた場合は，この限りでない。
（第 1 項）

（2）　船長は，必要のない者の船内への立入りを禁止しなければならない。
（第 2 項）

（3）　油タンカー内においては，①安全マッチ以外のマッチ及び②むき出しの鉄製工具③その他火花を発しやすい物品を所持し，又は④鉄びょうのついている靴類をはいてはならない。（第 3 項）

（4）　船長は，船内の適当な箇所に（1）及び（2）の禁止事項を掲示しなければならない。（第 4 項）

（5）　油タンク及びコファダムにおいては，防爆型の懐中電灯及び移動灯以外の照明を用いてはならない。ただし，あらかじめガス検定を行い，爆発又は火災のおそれがないことについて船長が確認した場合は，この限りでない。（第 5 項）

（6）　油タンク内のガス抜きを行う場合は，ガスエジェクターを使用する等水蒸気を高速でタンク内に噴出する方法によってはならない。（第 6 項）

§6-72　油タンカーの無線設備の使用の注意（規則第329条）

引火性液体物質であって引火点が23℃未満のもの（低引火点引火性液体物質）を運送する油タンカーの船長は，無線室に荷役中の使用の禁止等無線設備の使用に関する注意事項を掲示しておかなければならない。

§6-73　引火性液体物質の荷役等（規則第333条～第335条，第329条）

（1）　油タンカーの荷役（規則第333条）

1.　油タンカーに引火性液体物質を積み込む場合は，あらかじめ，荷役に

関係のある排水口及び海水弁を完全に閉鎖しなければならない。ただし，特に必要がある場合は，この限りでない。

2. 引火性液体物質の荷役に用いる貨物油管には，これを完全に支持できる滑車等を用いなければならない。

3. 貨物油管の接続箇所は，油が漏れるおそれがないようにし，かつ，その下に受皿を置かなければならない。

4. 船長は，引火性液体物質の荷役に先立ち，次の事項を確認しなければならない。

① 荷役に危険を及ぼすおそれのある修理，その他の作業が行われていないこと。

② 貨物油の荷役装置が良好な状態にあること。

5. 船長は，引火性液体物質の荷役中，次の各号に掲げる事項を監視しなければならない。

① 貨物油の荷役装置の弁の作動状況

② 貨物油の荷役装置の作動圧力

③ 油の漏れの有無

④ 積込みの状況

⑤ ボイラ，調理室等からの火粉の飛来の有無

6. 引火性液体物質の荷役を終了したときは，直ちに，荷役に関係のある弁類を閉鎖しなければならない。

（2） 荷役の禁止（規則第334条）

次の各号の1に該当する場合は，引火性液体物質（③の場合にあっては，低引火点引火性液体物質に限る。）の荷役をしてはならない。

① 著しい磁気あらしのとき。

② 付近に火災が発生しているとき。

③ 他の船舶（危険を及ぼすおそれのない小型の船舶を除く。）が離接げんするとき。

（3） 他の貨物等の荷役（規則第335条）

船長は，危険のおそれがないと認める場合を除き，低引火点引火性液体物質の荷役中，他の貨物又は常用危険物の荷役をしてはならない。

（4） 油タンカーの無線設備の使用の注意（規則第329条）

（略）（§6-72参照）

§6-74　引火性液体物質を運送するタンク船の火気取扱いの制限等（規則第346条）

規則第327条～第336条の規定は，タンク船による引火性液体物質の運送について，次のとおり準用される。

〔注〕タンク船とは，危険物である液体貨物を船体の一部を構成しないタンク（暴露甲板上に据え付けられたものを除く。）にばら積みして運送又は貯蔵する船舶（はしけを除く。）をいう。（規則第2条第11号）

（1）火気取扱いの制限等（規則第327条）

（略）（§6-71参照）

（2）タンク内の引火性蒸気の置換等（規則第328条）

（略）

（3）無線設備の使用の注意（規則第329条）

（略）（§6-72参照）

（4）開口の開閉（規則第330条）

（略）

（5）静電気による発火危険の防止（規則第331条）

（略）

（6）ボンディング方法（規則第332条）

（略）（貨物油管と陸上油管の連結方法）

（7）荷役（規則第333条）

（略）（§6-73（1）参照）

（8）荷役の禁止（規則第334条）

（略）（§6-73（2）参照）

（9）他の貨物等の荷役（規則第335条）

（略）（§6-73（3）参照）

（10）引火性液体物質と他の危険物等との関係（規則第336条）

（略）

§6-75　液化ガスばら積船の要件（規則第142条～第256条）

液化ガス物質をばら積みして運送する船舶（液化ガスばら積船）は，次の事項について定めた要件に適合したものでなければならない。

1. 配置等　2. 排水設備　3. 消防設備　4. 貨物格納設備　5. 管装置等　6. 通風装置　7. 圧力及び温度制御装置　8. 貨物タンクの通気装置　9. 計測装置及びガス検知装置　10. 環境制御　11. 貨物を燃料として使用するための設備　12. 充てん限度　13. 電気設備　14. 保護装具等　15. 損傷時の復原性等　16. 作業要件　17. 特別要件　（規則第144条～第256条）

〔**注**〕 この要件は，1974年SOLAS条約の「第２次改正」に伴い，新設（昭和61年７月）されたもので，液体化学薬品ばら積船についても，同様に要件（規則第257条～第325条）が新設された。

「ばら積み液体危険物」（§6-61〔**注**〕3.）には，これらのほか引火性液体物質及び有害性液体物質があるが，これらのばら積船については，従来から規定している要件（第326条～第365条）により規制される。

§6-76　液化ガスばら積船の保護装具（規則第238条）

液化ガス物質をばら積みして運送する船舶には，次に掲げるものにより構成される全身を十分保護することのできる保護装具（§6-75）を備えなければならない。

① 手袋
② 長靴
③ 全身保護衣
④ 密着式保護眼鏡又は顔面保護具

§6-77　液化ガスばら積船の安全装具（規則第239条）

液化ガス物質をばら積みして運送する船舶には，消防員装具に加えて，次に掲げるものにより構成される安全装具を２組以上船内に備えなければならない。

① 自蔵式呼吸具（1,200リットル以上の容積の空気を供給できるもの）
② 密着式保護眼鏡，保護衣，手袋及び長靴
③ 貨物に侵されないベルト付きの耐火性の命綱
④ 防爆型の懐中電灯　（第１項。第２項～第３項　略）

〔**注**〕 この規則は，昭和32年に1948年SOLAS条約に対応して制定された。その後，SOLAS条約の改正並びに同条約の要件である「国際海上危険物規程（IMDGコード）」（§12－41参照），「液化ガスのばら積み運送のための船舶の構造及び設備に関する国際規則（IGCコード）」，「危険化学品のばら積運送のための船舶の構造及び設備に関する国際規則（IBCコード）」等の発効及び改正に伴い，関連告示も含め逐次改正されている。

危険物船舶運送及び貯蔵規則に基づく告示には，次のものなどがある。

① 船舶による危険物の運送基準等を定める告示（昭和54年運輸省告示第549号）

② 船舶による放射性物質等の運送基準の細目等を定める告示（昭和52年運輸省告示第585号）

③ 液化ガスばら積船の貨物タンク等の技術基準を定める告示（昭和61年運輸省告示第298号）

練　習　問　題

問「ばら積み液体危険物」とは，どのような物質をいうか。（三級）

〔**ヒント**〕 §6-61〔**注**〕3.

問「常用危険物」とは，どのような危険物をいうか。（三級）

〔**ヒント**〕 §6-61〔注〕4.

問 危険物船舶運送及び貯蔵規則により，引火性液体類や高圧ガスを積んでいる船舶が，昼間，港内で掲げなければならない標識は，次のうちどれか。

(1) 赤旗　(2) 黄旗　(3) 緑旗　(4) 白旗（六級）

〔**ヒント**〕 (1) §6-64

問 危険物船舶運送及び貯蔵規則によると，引火性液体類を積載して港内に停泊中及び港内航行中の船は，どのような標識を，どこに掲げておかなければならないか，昼間と夜間に分けて記せ。（海上交通安全法関係は述べなくてよい。）（五級）

〔**ヒント**〕 昼間は赤旗を，夜間は赤灯を，マストその他の見やすい場所に掲げておかなければならない。（§6-64）

問 危険物積載船が海上交通安全法の適用海域から最寄りの港に入港した場合，海上交通安全法及び同法施行規則に定められている危険物積載船の標識又は灯火を，そのまま引き続いて掲げても差支えないことは，何という法規に規定されているか。（五級）

〔**ヒント**〕 危険物船舶運送及び貯蔵規則（§6-64）

問 船舶所有者から船長に供与される「危険物取扱規程」には，どんなことが記載されているか。（四級，当直三級，三級）

〔**ヒント**〕 §6-65(1)

問 船長は，危険物の船積み，陸揚げその他の荷役をする場合は，これを荷役業者に一任してもよいかどうか。また，危険物を船積みする場合，何を確認しなければならないか。（三級）

〔**ヒント**〕 (1) 荷役業者に一任してはならない。なぜならば，船長又はその職務を代行する者は，危険物の荷役に立ち会わなければならない旨が規定されているから。（§6-63）

(2) 危険物の容器，包装，標札等及び品名等の表示が危険物船舶運送及び貯蔵規則に適合し，かつ，危険物明細書の記載事項と合致していることを確認しなければならない。（§6-67）

問「危険物積荷一覧書」とは，どんなものか。（四級，当直三級，三級）

〔**ヒント**〕 §6-68

問 危険物運送船適合証とは，どんなものか。（五級，四級，三級）

〔**ヒント**〕 §6-69

問 引火性液体類を積載する船舶において，喫煙をし，又は火気を取り扱ってはならないのは，どのような場所か，２つあげよ。（四級）

〔**ヒント**〕 1. 引火性液体類の荷役をする場所
2. 引火性液体類を積載してある場所
3. 上記1. 又は2. の場所の付近（いずれか２つ）（§6-70）

問 危険物船舶運送及び貯蔵規則によると，油タンカー内では，次の物品についてそれぞれどんな種類のものの所持又は使用が禁止されているか。

⑴ マッチ　⑵ 工具　⑶ くつ類（五級）

〔**ヒント**〕 ⑴ 安全マッチ以外のマッチ
⑵ むき出しの鉄製工具
⑶ 鉄びょうの付いている靴類（§6-71(３)）

問 危険物船舶運送及び貯蔵規則に定める油タンカーの「火気取扱の制限等」についての次の文の□内にあてはまる語句を記号とともに記せ。

⑴ 油タンカー内においては，安全マッチ以外のマッチ及びむき出しの鉄製工具その他火花を発しやすい物品を所持し，又は㋐のついているくつ類をはいてはならない。

⑵ 油タンク及びコファダムにおいては，防爆型の㋑及び移動灯以外の照明を用いてはならない。ただし，あらかじめガス検定を行い，爆発又は火災のおそれがないことについて船長が確認した場合は，この限りでない。（四級）

〔**ヒント**〕 ㋐ 鉄びょう　㋑ 懐中電灯（§6-71(３)及び(５)）

問 油タンカーの船長は，船内における喫煙，火気の取扱い及び必要のない者の船内への立入りを禁止しなければならないが，これを周知徹底するためにどのようにしておかなければならないか。（四級）

〔**ヒント**〕 禁止事項を船内の適当な箇所に表示しなければならない。（§6-71(４)）

問 低引火点引火性液体物質（引火点が23℃未満のもの）を運送する油タンカーの船長は，無線室にどのような事項を掲示しておかなければならないか。（三級）

〔**ヒント**〕 荷役中の使用禁止など無線設備の使用に関する注意事項（§6-72）

問 油タンカーにおいて，引火性液体物質の荷役が禁止されている場合を１つあげよ。

（三級）

〔**ヒント**〕 §6-73(２)

海上における人命の安全のための国際条約等による証書に関する省令

§6-81 条約証書の種類（第1条の2）

「条約証書」とは，次のものをいう。

① 旅客船安全証書 ② 原子力旅客船安全証書
③ 貨物船安全構造証書 ④ 貨物船安全設備証書
⑤ 貨物船安全無線証書 ⑥ 貨物船安全証書
⑦ 国際照射済核燃料等運送船適合証書
⑧ 国際液化ガスばら積船適合証書
⑨ 国際液体化学薬品ばら積船適合証書
⑩ 免除証書 ⑪ 高速船安全証書 ⑫ 高速船航行条件証書
⑬ 極海域航行船証書 ⑭ 国際満載喫水線証書
⑮ 国際満載喫水線免除証書 ⑯ 国際防汚方法証書

（第1条の2第15項）

§6-82 条約証書の交付（第2条）

（1） 条約証書の交付（第1項）

管海官庁は，国際航海に従事する船舶（推進機関を有しない船舶など一定のものを除く。）であって次の表の左欄に掲げるものの所有者に対し，その者の申請により，それぞれ右欄に掲げる条約証書を交付するものとする。

ただし，第2項の免除証書により当該条約証書に係る用件の全部を免除された条約証書については，この限りでない。

【試験細目】

三級，四級，五級	海上における人命の安全のための国際条約等による証書に関する省令	口述のみ
六級，当直三級	なし	——

国際航海に従事する船舶の受有すべき条約証書

	船舶の種類	申請により交付される条約証書
(1)	旅客船（原子力旅客船・高速船を除く。）	旅客船安全証書
(2)	原子力旅客船	原子力旅客船安全証書
(3)	総トン数500トン以上の貨物船（液体化学薬品ばら積船を除く。）	貨物船安全構造証書，貨物船安全設備証書及び貨物船安全無線証書又は貨物船安全証書
(4)	総トン数300トン以上500トン未満の貨物船	貨物船安全無線証書
(5)	照射済核燃料等運送船	国際照射済核燃料等運送船適合証書
(6)	液化ガスばら積船（一定の船舶を除く。）	国際液化ガスばら積船適合証書
(7)	液体化学薬品ばら積船（一定の船舶を除く。）	国際液体化学薬品ばら積船適合証書
(8)	高速船（定義…第1条の2第13項）	高速船安全証書及び高速船航行条件証書

（2） 免除証書の交付（第2項）

管海官庁は，国際航海に従事する船舶（推進機関を有しないなど一定のものを除く。）であって次の各号に掲げるものの所有者に対し，それぞれ各号に掲げる場合には，その者の申請により，免除証書を交付するものとする。

1. 旅客船又は総トン数500トン以上の貨物船……船舶設備規程等の省令の定めるところにより条約証書（国際満載喫水線証書及び同免除証書を除く。）に係る要件の一部又は全部を免除されたとき。
2. 旅客船又は総トン数300トン以上の貨物船……臨時航行許可証の交付を受け，又は無線電信等の施設を免除される船舶（船舶安全法・則第4条第1項）の一定のもので許可を受けたとき。

（3） 国際満載喫水線証書の交付（第3項）

管海官庁は，次の表の左欄に掲げる船舶の所有者に対し，その者の申請により，右欄に掲げる条約証書を交付するものとする。

ただし，第4項の国際満載喫水線免除証書により国際満載喫水線証書に係る用件の全部を免除された船舶及び高速艇にあっては，この限りでない。

（第４項　略）

船舶の種類	申請により交付される条約証書
国際航海に従事する長さ24メートル以上の旅客船又は貨物船	国際満載喫水線証書

（４）　国際防汚方法証書の交付（第５項）

管海官庁は，次の表の左欄に掲げる船舶の所有者に対し，その者の申請により，右欄に掲げる条約証書を交付するものとする。

船舶の種類	申請により交付される条約証書
国際航海に従事する総トン数400トン以上の船舶	国際防汚方法証書

§6-83　条約証書の有効期間及び有効期間の延長（第４条・第５条）

（１）　有効期間（第４条）

条約証書の有効期間は，次のとおりである。

条約証書の有効期間（第４条第１項・第２項関係）

	条約証書	有効期間
(1)	旅客船安全証書，極海域航行船証書（原子力船以外の旅客船に限る。）	交付の日から最初の中間検査の検査基準日又は船舶検査証書の有効期間が満了する日のいずれか早い日まで。
(2)	原子力旅客船安全証書，極海域航行船証書（原子力船の旅客船に限る。）	（略）
(3)	貨物船安全構造証書，貨物船安全設備証書，貨物船安全無線証書，貨物船安全証書，国際照射済核燃料等運送船適合証書，国際液化ばら積船適合証書，国際液体化学薬品ばら積船適合証書，高速船安全証書，高速船航行条件証書，極海域航行船証書（旅客船以外），国際満載喫水線証書	交付の日から船舶検査証書の有効期間が満了する日まで。
(4)	免除証書，国際満載喫水線免除証書	（略）（第４条第２項）

（２）　有効期間の延長（第５条）

管海官庁又は日本の領事官は，次の場合には，申請により，条約証書（原子力旅客船安全証書，極海域航行船証書（原子力船の旅客船に限る。）及び国際防汚方法証書を除く。）の有効期間を延長することができる。

1. 条約証書の有効期間が満了する時において，外国の港から本邦の港又は定期検査等を受ける予定の外国の他の港に向け航海中となる場合

条約証書の有効期間が満了する日の翌日から起算して 3 月（高速船にあっては 1 月）を超えない範囲内で指定する日まで。

ただし，指定を受けた日前に航海を終了した場合は，有効期間を満了したものとみなされる。（第 1 項）

2. 上記1. の場合を除き，条約証書の有効期間が満了する時において，航海中となる高速船でない船舶（航海を開始する港から最終の到着港までの距離が1,000海里を超えない航海に限る。）の場合

条約証書の有効期間の満了する日から起算して 1 月を超えない範囲内で指定する日まで。（第 2 項）

§6-84 条約証書の船内備置き（第10条）

船長は，条約証書を船内に備え置かなければならない。

練 習 問 題

問 条約証書には，どんなものがあるか。（三級）

〔**ヒント**〕 §6-81

問 船舶所有者が国際満載喫水線証書の交付を受けなければならないのは，どんな船舶の場合か。（三級）

〔**ヒント**〕 §6-82(3)

問 貨物船安全構造証書及び国際満載喫水線証書の有効期間は，交付の日からいつまでか。（三級）

〔**ヒント**〕 §6-83(1)

問 船長は，条約証書をどのようにしておかなければならないか。（五級，四級，三級）

〔**ヒント**〕 §6-84

漁船特殊規則

§6-91　従業制限の種類（規則第2条）

（1）　総トン数20トン以上の漁船の従業制限

　①　第1種の従業制限

　②　第2種の従業制限

　③　第3種の従業制限

（2）　総トン数20トン未満の漁船（政令で定める一定のものを除く。以下「小型漁船」という。）の従業制限

　①　小型第1種の従業制限

　②　小型第2種の従業制限

〔注〕　漁船の業態，安全基準及び船舶職員の配乗

1.　漁船は，一般船舶が目的港に向けて安全に航行して旅客や貨物を運ぶことを業務とするのに比べて，漁場に到達して漁ろうを行って漁獲することを業務とするもので，その業態はかなり相違がある。漁船は，漁ろうや荒天に伴う危険を防止し，あるいは漁ろうのための設備や漁獲物の搭載・運搬などの安全確保の施設もしなければならない。

　したがって，漁船は，船舶安全法の適用については，本規則のほか，漁船特殊規程，小型漁船安全規則などの特例によって，漁船のみに適用される施設すべき事項及びその標準が定められており，これによって漁船の堪航性の保持及び人命の安全の保持が図られている。

2.　漁船は，その業態が前記のとおり一般船舶とかなり相違するので，「航行水域」でなく，「従業制限」を設けて（船舶安全法第9条），その区分（第1種～第3種，小型第1種～第2種）によって，前記の特例で漁船の構造，材料，設備などの基準を定めている。

3.　漁船は，船舶職員（小型船舶以外の船舶の場合）の乗組み基準・配乗（§2-12）については，航行区域（平水・沿海・近海・遠洋）でなく，その代わりに丙区域，

【試験細目】

三級，四級，五級	漁船特殊規則	口述のみ
六級	同上	筆記・（口述）
当直三級	なし	——

乙区域及び甲区域（船舶職員及び小型船舶操縦者法施行令・別表第 1 ・第 1 号）が定められており，漁船の従業する①当該区域と②総トン数（甲板部）又は推進機関の出力（機関部）とによって，乗り組ませるべき職員及びその受有すべき海技免状が定められている。

§6-92　第1種の従業制限（規則第 3 条）

規則第 4 条各号に掲げる業務（第 2 種の従業制限。§6-93）を除くほか，次に掲げる業務に従事する漁船（小型漁船を除く。）の従業制限は，第 1 種とする。主として，沿岸漁業に従事する漁船である。

①　一本釣漁業　②　延縄(はえなわ)漁業　③　流網漁業　④　刺網漁業
⑤　旋網(まきあみ)漁業　⑥　敷網(しきあみ)漁業　⑦　突棒漁業　⑧　曳縄漁業
⑨　曳網漁業（トロール漁業を除く。）　⑩　小型捕鯨業
⑪　前各号のほか，主務大臣（国土交通大臣及び農林水産大臣）において前各号の業務に準ずるものと認めた業務

その「業務」は，(イ)定置漁業，(ロ)しいら漬漁業，(ハ)その他の雑種漁業である。（昭和32年農林・運輸省告示第 1 号）

§6-93　第2種の従業制限（規則第 4 条）

次に掲げる業務に従事する漁船（小型漁船を除く。）の従業制限は，第 2 種とする。いわゆる，遠洋漁業に従事する漁船である。

①　鰹(かつお)及び鮪(まぐろ)竿釣漁業　②　真鱈(まだら)一本釣漁業
③　鮪，旗魚(かじき)及び鮫(さめ)浮延縄漁業　④　真鱈延縄漁業
⑤　連子鯛(れんこだい)延縄漁業（搭載漁艇を使用して行うものに限る。）
⑥　機船底曳網漁業（北緯25度以南の海域，北緯40度の線，東経137度の線及びアジア大陸の沿岸により囲まれた海域，東経137度以東の沿海州沖合の海域，北緯46度以北のオホーツク海の海域，ベーリング海並びにウルップ島南端を通過する経線以東の太平洋の海域において操業する機船底曳網漁業並びに以西機船底曳網漁業に限る。）

〔**注**〕　以西機船底曳網漁業とは，東経128度30分以西の東シナ海・黄海を漁場とする底曳網漁業である。

⑦　白蝶貝等採取業
⑧　鮭(さけ)，鱒(ます)及び蟹(かに)漁業（母船に付属する漁船によって行うものに限る。）

⑨ 前各号に掲げるもののほか主務大臣（国土交通大臣及び農林水産大臣）において前各号の業務に準ずるものと認めた業務

その「業務」は，(イ)鮪流網漁業，(ロ)さんご漁業，(ハ)本邦以外の地を基地として行う延縄漁業（本邦から当該基地まで独力で航行する漁船により行うものに限る。）である。（§6-92⑪の告示）

§6-94 第3種の従業制限（規則第5条）

次に掲げる業務に従事する漁船（小型漁船を除く。）の従業制限は，第3種とする。特殊な漁業や業務に従事する漁船である。

① トロール漁業

② 捕鯨業（小型捕鯨業を除く。）

③ 母船式漁業に従事する母船の業務

④ 専ら漁猟場より漁獲物又はその化製品を運搬する業務

⑤ 漁業に関する試験，調査，指導，練習又は取締業務

§6-95 小型第1種の従業制限（規則第6条）

次に掲げる業務に従事する小型漁船の従業制限は，小型第1種とする。

① 採介藻漁業 ② 定置漁業 ③ 旋網漁業

④ 曳網漁業 ⑤ 小型捕鯨業

⑥ 前各号及び規則第7条第1号～第4号（§6-96）に掲げる業務以外の業務（専ら本邦の海岸より100海里以内の海域において行うものに限る。）

§6-96 小型第2種の従業制限（規則第7条）

次に掲げる業務に従事する小型漁船の従業制限は，小型第2種とする。

① 鮭・鱒流網漁業（東経147度以西の太平洋の海域のみにおいて操業するものを除く。）

② 鮭・鱒延縄漁業（総トン数10トン未満の漁船で行うものを除く。）

③ 鮪延縄漁業（総トン数15トン未満の漁船で行うものを除く。）

④ 鰹竿釣漁業（総トン数15トン未満の漁船で行うもの及び北緯31度30分以北，東経133度30分以西の太平洋の海域のみにおいて操業するものを除く。）

⑤ 前各号及び規則第6条各号（§6-95）に掲げる業務以外の業務

§6-97　1つの従業制限の漁船が他の従業制限の業務にも従事できる場合（規則第8条）

第2種の従業制限を有する漁船は，規則第3条各号に掲げる業務（第1種の従業制限。§6-92）に，また，小型第2種の従業制限を有する小型漁船は，規則第6条各号の業務（小型第1種の従業制限。§6-95）に従事することができる。

練　習　問　題

問 漁船の従業制限の種類を列記し，その 1 つについて簡単に説明せよ。（五級）

〔**ヒント**〕 (1)　§6-91　(2)　§6-92～§6-96（いずれか 1 つ）

問 漁船の従業制限及び漁船の「船舶職員及び小型船舶操縦者法」上の甲区域・乙区域・丙区域について簡単に説明せよ。（三級，四級）

〔**ヒント**〕 §6-91〔**注**〕3.

問 漁船の従業制限の種類を述べよ。また，以西機船底曳網漁業及びトロール漁業に従事する漁船の従業制限は，それぞれ何種か。（三級）

〔**ヒント**〕 (1)　§6-91

(2)　①　第 2 種　②　第 3 種

問 第 3 種の従業制限を有する漁船は，どんな業務に従事するか。（五級）

〔**ヒント**〕 §6-94

問 (1)　漁船の従業制限について規定している法規名を記せ。

(2)　1 つの従業制限を有する漁船が，他の従業制限の業務に従事することができるかどうかについて述べよ。（四級）

〔**ヒント**〕 (1)　漁船特殊規則

(2)　第 2 種の従業制限を有する漁船は，第 1 種の従業制限の業務に，また，小型第 2 種の従業制限を有する小型漁船は，小型第 1 種の従業制限の業務に従事することができる。（§6-97）

第７編　海洋汚染等及び海上災害の防止に関する法律

海洋汚染等及び海上災害の防止に関する法律並びに同法律施行令及び同法律施行規則

第１章　総　　則

§7-1　海洋汚染等及び海上災害の防止に関する法律の目的（第１条）

（1）　目　的

海洋汚染等及び海上災害の防止に関する法律（以下「海洋汚染等海上災害防止法」と略する。）は，「1973年の船舶による汚染の防止のための国際条約に関する1978年の議定書（73/78MARPOL条約）」（第12編参照）をはじめとする海洋環境等に関する国際的な取り決めを背景として制定されたものであり，以下のことを直接的な目的とする。

1.　海洋汚染等及び海上災害を防止する。
2.　海洋汚染等及び海上災害の防止に関する国際約束の適確な実施を確保する。

そして，究極的には，海洋環境の保全等並びに人の生命及び身体並びに財産の保護に資することを目的としている。

（2）　目的を達成するための規制

上記の目的を達成するために，以下のことを規制している。

1.　船舶等から海洋に油，有害液体物質等及び廃棄物を排出すること。
2.　船舶から海洋に有害水バラストを排出すること。
3.　船舶等から海底の下に油，有害液体物質等及び廃棄物を廃棄すること。
4.　船舶から大気中に排出ガスを放出すること。

【試験細目】

三級，四級，五級，当直三級	海洋汚染等及び海上災害の防止に関する法律並びに同法律施行令及び同法律施行規則	筆記・口述
六級	同上	筆記・(口述)

5.　船舶等において油，有害液体物質等及び廃棄物を焼却すること。

（3）　目的を達成するための措置

上記の目的を達成するために，以下の措置について定めている。

1.　船舶等において，廃油の適正な処理を確保すること。

2.　排出された油，有害液体物質等，廃棄物その他の物の防除のための措置を講ずること。

3.　海上火災の発生及び拡大の防止のための措置を講ずること。

4.　海上火災等に伴う船舶交通の危険の防止のための措置を講ずること。

〔**注**〕 1.　本法は，「1973年の船舶による汚染の防止のための国際条約に関する1978年の議定書（73/78MARPOL条約）」の附属書及び「2004年の船舶のバラスト水及び沈殿物の規制及び管理のための国際条約（船舶バラスト水規制管理条約）」の発効に合わせて，逐次改正されている。（§12-31，§12-32参照）

2.　船舶バラスト水規制管理条約：船舶のバラスト水に含まれる有害な水生生物及び病原体が，本来の生息地ではない場所に移動することで生ずる生態系の破壊や人の健康等への被害を防止するため，船舶に取り入れられたバラスト水や沈殿物の規制及び管理を目的とした国際条約。

本法の第3章の2等の「有害性水バラスト」に関する規定は同条約の発効に伴い改正された。

§7-2　海洋汚染等及び海上災害の防止（第2条）

（1）　海洋汚染等の防止の責務

何人も，油，有害液体物質等又は廃棄物の排出，船舶からの有害水バラストの排出，油，有害液体物質等又は廃棄物の海底下廃棄，船舶からの排出ガスの放出その他の行為により海洋汚染等をしないように努めなければならない。（第1項）

（2）　船長等の海洋の汚染及び海上災害の防止の責務

船長又は船舶所有者（海洋施設等又は海洋危険物管理施設の管理者又は設置者その他の関係者）は，①油，有害液体物質等若しくは危険物の排出があった場合又は海上火災が発生した場合において排出された油又は有害液体物質等の防除，消火，延焼の防止等の措置を講ずることができるように常時備えるとともに，②これらの事態が発生した場合には，当該措置を適確に実施することにより，海洋の汚染及び海上災害の防止に努めなければならない。（第2項）

§7-3 油等の定義（第３条）

（１）「船舶」とは，海域（港則法に基づく港の区域を含む。）において航行の用に供する船舟類をいう。

（２）「油」とは，原油など国土交通省令（海洋汚染等及び海上災害の防止に関する法律施行規則）に定める次のものをいう。

① 原油 ② 重油 ③ 潤滑油 ④ 軽油

⑤ 灯油 ⑥ 揮発油 ⑦ アスファルト

⑧ 上記に掲げる油以外の炭化水素油（石炭から抽出されるものを除く。）例えば，ナフサ熱分解油，ナフサ熱分解渣油などである。

⑨ 上記に掲げる油を含む油性混合物（国土交通省令で定めるもの（潤滑油添加剤等）を除く。以下「油性混合物」という。）

（則第２条～第２条の２）

（３）「有害液体物質」とは，油以外の液体物質（液化石油ガスその他の常温において液体でない物質であって政令（海洋汚染等及び海上災害の防止に関する法律施行令）（令第１条）で定めるものを除く。）のうち，海洋環境の保全の見地から有害である物質（その混合物を含む。）として政令（令第１条の２）で定める物質であって，船舶によりばら積みの液体物質として輸送されるもの及びこれを含む水バラスト，貨物艙の洗浄水その他船内において生じた不要な液体物質（一定のものを除く。）並びに海洋施設等において管理されるものをいう。

したがって，有害液体物質は，例えば，クレゾール，四メチル鉛，ナフタリン，ベンゼンなどで，ケミカルタンカー等によりばら積み輸送される化学薬品等である。

（４）「未査定液体物質」とは，油及び有害液体物質以外の液体物質のうち，海洋環境の保全の見地から有害でない物質（その混合物を含む。）として政令で定める物質以外の物質であって船舶によりばら積みの液体物質として輸送されるもの及びこれを含む水バラスト，貨物艙の洗浄水その他船舶内において生じた不要な液体物質（一定のものを除く。）をいう。（詳しくは，第３条第４号参照）

（５）「有害液体物質等」とは，有害液体物質及び未査定液体物質をいう。

（６）「廃棄物」とは，人が不要とした物（油，有害液体物質等及び有害水バラストを除く。）をいう。

（７）「有害水バラスト」とは，水中の生物を含む水バラストであって，水域環境の保全の見地から有害となるおそれがあるものとして政令（令第１条の４）で定める要件に該当するものをいう。

（８）「オゾン層破壊物質」とは，オゾン層を破壊する物質であって政令（令第１条の５）で定めるものをいう。例えば，ハロン等である。

（９）「排出ガス」とは，船舶において発生する物質であって大気を汚染するものとして政令（令第１条の６）で定めるもの，二酸化炭素及びオゾン層破壊物質をいう。

政令で定めるものとは，窒素酸化物，硫黄酸化物及び揮発性有機化合物質である。

(10)「排出」とは，物を海洋に流し，又は落とすことをいう。

(11)「海底下廃棄」とは，物を海底の下に廃棄すること（貯蔵することを含む。）をいう。

(12)「放出」とは，物を海域の大気中に排出し，又は流出させることをいう。

(13)「タンカー」とは，その貨物艙の大部分がばら積みの液体貨物の輸送のための構造を有する船舶及びその貨物艙の一部分がばら積みの液体貨物の輸送のための構造を有する船舶であって当該貨物艙の一部分の容量が200立方メートル以上であるもの（これらの貨物艙が専らばら積みの油以外の貨物の輸送の用に供されるものを除く。）をいう。

(14)「海洋施設」とは，海域に設けられる工作物（固定施設により当該工作物と陸地との間を人が往来できるもの及び専ら陸地から油，有害液体物質又は廃棄物の排出又は海底下廃棄をするため陸地に接続して設けられるものを除く。）で政令（令第１条の７）で定めるものをいう。

例えば，人を収容することができる工作物である。

(15)「ビルジ」とは，船底にたまった油性混合物をいう。

(16)「廃油」とは，船舶内において生じた不要な油をいう。

(17)「海洋汚染等」とは，海洋の汚染並びに船舶から放出される排出ガスによる大気の汚染，地球温暖化及びオゾン層の破壊をいう。

(18)「危険物」とは原油，液化石油ガスその他の政令（令第１条の８・別表第１の４）で定める引火性の物質をいう。

例えば，アクリロニトリル，液化石油ガス，液化メタンガス，ガソリン，原油，ナフサ等である。

(19)「海上災害」とは，油若しくは有害液体物質等の排出又は海上火災（海域における火災をいう。）により人の生命若しくは身体又は財産に生ずる被害をいう。

(20)「海洋環境の保全等」とは，海洋環境の保全並びに船舶から放出される排出ガスによる大気の汚染，地球温暖化及びオゾン層の破壊に係る環境の保全をいう。

第2章　船舶からの油の排出の規制

§7-4　船舶からの油の排出の禁止（第4条）

（1）何人も，海域において，船舶から油を排出してはならない。

（第1項本文）

ただし，一定の緊急時における油の排出（§7-5）については，この限りでない。（第1項ただし書）

（2）緊急時以外でも一定の条件に適合する油の排出（§7-6，§7-7，§7-8）については，第1項本文（油の排出の禁止）の規定は，適用されない。

（第2項～第5項）

§7-5　緊急時における油の排出禁止の適用除外（第4条第1項ただし書）

船舶からの油の排出は，第1項本文の規定により禁止されているが，次の緊急時の排出には，例外的に適用が除外される。

（1）船舶の安全を確保し，又は人命を救助するための油の排出

（2）船舶の損傷その他やむを得ない原因により油が排出された場合において引き続く油の排出を防止するための可能な一切の措置をとったときの当該油の排出

§7-6　緊急時以外における油の排出禁止の適用除外（第4条第2項～第5項）

第1項本文（油の排出の禁止）の規定は，緊急時以外でも，次の場合における油の排出については，適用されない。

（1）一定の基準に適合する船舶からの「ビルジその他の油」の排出（第2項）

（§7-7参照）

（2）　一定の基準に適合するタンカーからの「貨物油を含む水バラスト等」の排出（第3項）　　（§7-8参照）

（3）　海洋の汚染防止の試験等のための一定の船舶からの油の排出（第4項～第5項）

§7-7　排出禁止の適用除外となる「一定の基準に適合する船舶からのビルジその他の油の排出」（第4条第2項）

第4条第1項本文（油の排出の禁止）の規定は，船舶からの「ビルジその他の油」の排出であって，政令（令第1条の9）で定める次の排出基準に適合するものには，適用されない。

①　希釈（うすめること。）しない場合の油分濃度が**15ppm*****以下**であること。

②　**南極海域及び北極海域以外**の海域において排出すること。

③　**航行中**に排出すること。

④　**ビルジ等排出防止設備**のうち，次の表に掲げる装置を**作動**させながら排出すること。（則第4条）

船　　舶	作動装置
総トン数1万トン以上の船舶 （令別表第1の5に掲げる海域**（南極海域及び北極海域を除く。）にあっては，総トン数400トン以上の船舶）	油水分離装置及びビルジ用濃度監視装置
総トン数1万トン未満の船舶 （令別表第1の5に掲げる海域**（南極海域及び北極海域を除く。）にあっては，総トン数400トン未満の船舶）	油水分離装置 （燃料油タンクに積載した水バラストを排出する場合にあっては，油水分離装置及びビルジ用濃度監視装置）

*　1ppmは，100万分の1であるから，100ppmは1万分の1となる。15ppmは，1万分の1の0.15で，法令の表現では，「1万立方センチメートル当たり0.15立方センチメートル」である。

**　「令別表第1の5に掲げる海域」とは，地中海海域，バルティック海海域，黒海海域，南極海域，北西ヨーロッパ海域，ガルフ海域，南アフリカ南部海域，北極海域をいう。

〔**注**〕　鉱物資源の掘採船や海難救助等の緊急船舶からの排出については，上記基準の特例が定められている。（令第1条の9第2項～第3項）

なお，「ビルジその他の油」とは，条文に明示されているとおり，タンカーの水バラスト，貨物艙の洗浄水及びビルジ（以下「水バラスト等」という。）であって貨物油を含むものを除いたものをいう。これを，第5条第1項において

「ビルジ等」という。

例えば，機関区域のビルジ，ノンタンカー（non-tanker）の貨物艙のビルジ，燃料油タンクの洗浄水，燃料油タンクに積載した水バラスト，機関区域に生じた廃油などである。

これらのビルジその他の油の排出は，できる限り海岸から離れて行うよう努めなければならない。（令第 1 条の 9 第 4 項）

§7-8　排出禁止の適用除外となる「一定の基準に適合するタンカーからの貨物油を含む水バラスト等の排出」（第 4 条第 3 項）

第 4 条第 1 項本文（油の排出の禁止）の規定は，タンカーからの「貨物油を含む水バラスト等」の排出であって，①油分の総量，②油分の瞬間排出率，③排出海域及び④排出方法に関し政令（令第 1 条の10）で定める次の排出基準に適合するものには，適用されない。

船舶及びバラスト等の区分		排　出　基　準
タンカー（のみ）	貨物油を含む水バラスト等（次の欄のクリーンバラストを除く。） （令第 1 条の10 第 1 項）	1.　排出される油分の総量が，直前の航海において積載されていた貨物油の総量の **3 万分の 1 以下**であること。 2.　油分の瞬間排出率*が **1 海里当たり30リットル以下**であること。 3.　領海の基線からその外側**50海里の線を超える海域**（南極海域等，一定の海域を除く。）であること。 4.　**航行中**に排出すること。 5.　**海面より上**の位置から排出すること。（〔注〕参照） ただし，スロップタンク以外の貨物艙で油水分離したものを油水境界面検出器により当該貨物艙の底面から油水境界面までの高さが，海面から水バラスト等の表面までの高さ以上であることを確認した上でポンプを使用することなく排出する場合は，海面下に排出することができる。 6.　水バラスト等排出防止設備のうち**一定の装置**（則第 8 条）を**作動**させながら排出すること。
	クリーンバラスト** （令第 1 条の10 第 2 項）	1.　**海面より上**の位置から排出すること。 ただし，排出直前に当該水バラスト中の油分の状態を確認した上排出する場合は，この方法に限定しない。（船舶が港及び沿岸の係留施設以外で排出する場合は，ポンプを使用することなく排出しなければならない。）（則第 8 条の 3 ）

*　「油分の瞬間排出率」とは，ある時点におけるリットル毎時による油分の排出速度を当該時点におけるノットによる船舶の速力で除したものをいう。

＊＊ 「クリーンバラスト」とは，国土交通省令（則第8条の2）で定める次の「程度」以上に洗浄された貨物艙に積載されている貨物油を含む水バラストをいう。

⑴ 晴天の日に停止中のタンカーの貨物艙から清浄かつ平穏な海中に水バラストを排出した場合において視認することのできる油膜を海面若しくは隣接する海岸線に生じないよう洗浄され，かつ，油性残留物若しくは乳濁液の堆積を海面下若しくは隣接する海岸線に生じないよう洗浄されていること。

⑵ タンカーの貨物艙から水バラストを排出した場合において油分の濃度が15 ppmを超えるものが排出されなかったことがバラスト用油排出監視制御装置又はバラスト用濃度監視装置の記録により明らかとなるよう洗浄されていること。（則第8条の2）

〔**注**〕「海面より上の位置から排出」すると，基準に適合しない油が排出された場合に容易に発見ができ，排出停止等の措置をとることができる。

§7-9 油による海洋の汚染の防止のための設備等（第5条～第5条の2）

（1） 汚染防止のための設備（第5条）

船舶所有者（船舶管理人・船舶借入人）は，次に掲げるとおり，船舶の区分によりそれぞれの設備を設置しなければならない。

1. 船舶（ビルジ等（「ビルジその他の油」をいう。第4条第2項）が生ずることのない船舶を除く。）……ビルジ等排出防止設備　（第1項）

これは，船舶内に存する油の船底への流入の防止又はビルジ等の船舶内における貯蔵若しくは処理のための設備をいう。

具体的には，油水分離装置，ビルジ用濃度監視装置，スラッジ貯蔵装置，ビルジ貯蔵装置などがある。

〔**注**〕 この規定は，タンカー以外の船舶で総トン数100トン未満のものには適用されない。（第9条第1項）

2. タンカー……上記1.の設備のほか，水バラスト等排出防止設備　（第2項）

これは，貨物油を含む水バラスト等の船舶内における貯蔵又は処理のための設備をいう。

具体的には，スロップタンク装置，バラスト用油排出監視制御装置，水バラスト等排出管装置，バラスト用濃度監視装置，水バラスト漲水管装置がある。

3. 載貨重量トン数2万トン以上の原油タンカー……上記の1.及び2.の設

備のほか，次の２つの設備。（海洋汚染等及び海上災害の防止に関する法律の規定に基づく船舶の設備等に関する技術上の基準等に関する省令（以下「技術基準等に関する省令」と略す。）第14条）　（第３項）

① 分離バラストタンク（SBT：Segregated Ballast Tank）

これは，タンカーの貨物艙（ばら積みの液体貨物を輸送するためのものに限る。）及び燃料油タンクから完全に分離されているタンクであって水バラストの積載のために常置されているものをいう。

② 貨物艙原油洗浄設備（COW：Crude Oil Washing）

これは，原油により貨物艙を洗浄する設備をいう。つまり，原油の一部をタンク内に噴射して，残留物を取り除き，原油の溶解作用によってスラッジから油分を溶解して貨物油とともに揚荷するものである。

4. 載貨重量トン数３万トン以上の精製油運搬船……上記1. 及び2. の設備のほか，分離バラストタンク（SBT）（同省令第14条）　（第３項）

（２） 衝突等による大量の油の排出防止のための技術基準（第５条の２）

タンカーの貨物艙及び分離バラストタンクは，衝突，乗揚げその他の事由により船舶に損傷が発生した場合において大量の油が排出されることを防止するため，その大きさ，配置等について国土交通省令で定める技術上の基準に適合するように設置しなければならない。

〔**注**〕 第５条第３項の規定及び第５条の２（分離バラストタンクに係る部分に限る。）の規定は，貨物艙の一部分がばら積みの液体貨物の輸送のための構造を有する船舶であって第３条第９号に規定するタンカーには，適用されない。（第９条第２項）

§7-10　油及び水バラストの積載の制限（第５条の３）

（１） 油の積載の制限（第１項，則第８条の９）

船舶の船首隔壁より前方にあるタンクには，油を積載してはならない。

ただし，総トン数が400トン（載貨重量トン数が600トン以上のタンカーにあっては，100トン）未満の船舶については，この限りでない。

（２） 水バラストの積載の制限（第２項，則第８条の10～第８条の12）

①分離バラストタンクを設置したタンカーの貨物艙，又は②総トン数150トン以上のタンカー及び総トン数4,000トン以上のタンカー以外の船舶

の燃料油タンクには，水バラストを積載してはならない。

ただし，悪天候下において船舶の安全を確保するためやむを得ない場合その他国土交通省令（則第8条の11）で定める場合（例えば，上記①の場合では，船舶が桁下高の小さい橋その他の障害物の下を安全に航行するためやむを得ない場合）は，この限りでない。

〔注〕 上記(1)及び(2)の規定は，タンカー以外の船舶で総トン数100トン未満のものには適用されない。（第9条第1項）

（3） 南極海域における重質油の積載又は使用の制限（第3項，令第1条の11，則第8条の13）

南極海域においては，当該海域において滞留するおそれのあるものとして国土交通省令（則第8条の13）で定める性状又は種類の油をばら積みの貨物又は燃料油として積載した船舶を航行させてはならない。ただし，船舶の安全を確保し，又は人命を救助するために必要な場合は，この限りでない。

§7-11　分離バラストタンクからの水バラストの排出方法（第5条の4）

タンカーに設置された分離バラストタンクからの水バラストの排出は，国土交通省令（則第8条の14）で定める排出方法，つまり，次のいずれか1の方法に従って行わなければならない。

(1) 海面より上の位置から排出する方法

(2) 分離バラストタンクから水バラストを排出する直前に当該水バラストが油により汚染されていないことを確認した上，海面下に排出する方法

ただし，船舶が港及び沿岸の係留施設以外にある場合にあっては，ポンプを使用することなく排出しなければならない。

§7-12　油濁防止管理者（第6条）

（1） 油濁防止管理者は，総トン数200トン以上のタンカー（引かれ船等・係船中のタンカーを除く。）で，当該船舶に乗り組む船舶職員のうちから，船長を補佐して船舶からの油の不適正な排出の防止に関する業務の管理を行うため，船舶所有者から選任された者である。　（第6条第1項，則第9条）

（2） 油濁防止管理者の要件は，①海技免許（海技士（通信）及び海技士（電子通信）を除く。）を受けている者又は船舶職員となる一定の承認を受け

ている者であって，②タンカーに乗り組んで油の取扱いに関する作業に1年以上従事した経験を有するもの，又は油濁防止管理者を養成する講習として国土交通大臣が定める講習を修了したものでなければならない。（第6条第2項，則第10条）

〔注〕船舶所有者は，油濁防止規程を定め，これを船舶内に備え置き，又は掲示しなければならない。（第7条第1項）

（3）油濁防止管理者（選任のない場合は船長）は，油濁防止規程に定められた事項を，乗組員及び乗組員以外の者で油の取扱いに関する作業を行うものに周知させなければならない。（第7条第2項）

（4）油濁防止管理者は，油の取扱いに関する作業が行われたときは，その都度，国土交通省令（則第11条の3）で定めるところにより，油記録簿への記載を行わなければならない。（第8条第2項）

§7-13　油濁防止緊急措置手引書（第7条の2）

（1）船舶所有者は，船舶から油の不適正な排出があり，又は排出のおそれがある場合において当該船舶内にある者が直ちにとるべき措置に関する事項について，油濁防止緊急措置手引書を作成し，これを船舶内に備え置き，又は掲示しておかなければならない。（第1項）

（2）油濁防止管理者（選任されていない船舶にあっては，船長）は，同手引書に定められた事項を，乗組員及び乗組員以外の者で油の取扱いに関する作業を行うものに周知させなければならない。（第3項）

§7-14　油記録簿（第8条）

（1）船長（引かれ船・押され船にあっては，船舶所有者）は，油記録簿を船舶内（引かれ船・押され船にあっては，当該船舶を管理する船舶所有者の事務所）に備え付けなければならない。

ただし，タンカー以外の船舶でビルジが生ずることのないものについては，この限りでない。（第1項）

（2）船長は，油記録簿をその最後の記載をした日から3年間船舶内に保存しなければならない。（第3項）

（3）上記に定めるもののほか，油記録簿の様式その他油記録簿に関し必要な事項は，国土交通省令で定められる。（第4項）

〔注〕 第6条から第8条までの規定は，タンカー以外の船舶で総トン数100トン未満のものには適用されない。（第9条第1項）

§7-14の2　船舶間貨物油積替作業手引書等（第8条の2）

（1） 他のタンカーとの間におけるばら積みの貨物油の積替えを行う総トン数150トン以上（則第11条の4）のタンカーの船舶所有者は，当該積替え（以下「船舶間貨物油積替え」という。）に関する作業を行う者が，船舶間貨物油積替えに起因する油の排出を防止するために遵守すべき事項について，船舶間貨物油積替作業手引書を作成し，これを当該タンカー内に備え置き，又は掲示しておかなければならない。（第1項）

（2） 船舶間貨物油積替えは，船舶間貨物油積替作業手引書に従って行わなければならない。（第3項）

（3） (1)に規定する船舶所有者は，当該タンカーの乗組員のうちから，船長を補佐して船舶間貨物油積替えに関する業務の管理を行わせるため，船舶間貨物油積替作業管理者を選任しなければならない。（第4項）

（4） 船舶間貨物油積替作業管理者は，船舶間貨物油積替作業手引書に定められた事項を，当該タンカーの乗組員及び乗組員以外の者で当該タンカーに係る業務を行う者のうち船舶間貨物油積替えに関する作業を行うものに周知させなければならない。（第5項）

（5） 船舶間貨物油積替作業管理者は，船舶間貨物油積替えが行われたときは，その都度，積み替えられた貨物油の種類及び量その他の国土交通省令で定める事項（則第11条の6）に関する記録を作成しなければならない。

（第6項）

（6） 上記(5)の記録は，その作成の日から3年間当該タンカー内に保存しなければならない。（第7項）

§7-14の3　船舶間貨物油積替えの通報等（第8条の3）

（1） 日本国の内水，領海又は排他的経済水域（以下「日本国領海等」という。）において船舶間貨物油積替えを行うタンカー（総トン数150トン以上）の船長は，国土交通省令で定めるところ（則11条の7）により，あらかじめ，当該タンカーの名称，当該船舶間貨物油積替えを行う時期及び海域並びに積み替える貨物油の種類及び量その他の国土交通省令で定める事項（則11条

の８）を海上保安庁長官に通報しなければならない。通報した事項の変更をしようとするときも，同様とする。（第１項）

（２）　上記（１）により船長がしなければならない通報は，当該タンカーの船舶所有者又は船長若しくは船舶所有者の代理人もすることができる。（第２項）

（３）　海上保安庁長官は，上記（１）により通報された事項，当該船舶間貨物油積替えを行おうとする海域における気象，海象及び船舶交通の状況その他の事情から合理的に判断して，当該タンカーからの船舶間貨物油積替えに起因する油の排出のおそれがあると認めるときは，当該タンカーの船長に対し，当該油の排出の防止のために必要な限度において，当該船舶間貨物油積替えを行う時期又は海域の変更その他の当該油の排出を防止するために必要な措置を講ずべきことを命ずることができる。（第３項）

〔**注**〕　§7-14の２の（１）から（６），§7-14の３の（１）及び（３）は，次のいずれかに該当する船舶間貨物油積替えについては，適用されない。（第８条の２第８項，第８条の３第４項））

1.　船舶の安全を確保し，又は人命を救助するための船舶間貨物油積替え
2.　船舶の損傷その他やむを得ない原因により貨物油が排出された場合において引き続く貨物油の排出を防止するための船舶間貨物油積替え

第２章の２　船舶からの有害液体物質等の排出の規制等

§7-15　船舶からの有害液体物質の排出の禁止（第９条の２）

（１）　有害液体物質の排出の禁止（第１項）

何人も，海域において，船舶から有害液体物質を排出してはならない。（第１項本文）

ただし，次に掲げる緊急時における排出については，この限りでない。

1.　船舶の安全を確保し，又は人命を救助するための有害液体物質の排出
2.　船舶の損傷その他やむを得ない原因により有害液体物質が排出された場合において引き続く有害液体物質の排出を防止するための可能な一切の措置をとったときの当該有害液体物質の排出

（第１項ただし書）

〔**注**〕　第１項の排出禁止の規定は，未査定液体物質にも準用される。（第９条の６）

（2）　緊急時以外における有害液体物質の排出禁止の適用除外（第2項，第3項）

1.　第1項本文（有害液体物質の排出の禁止）の規定は，緊急時以外でも，国土交通省令で定める有害液体物質（温度20度において5キロパスカルを超える蒸気圧を有するもの。則第12条の2第1項）の輸送の用に供されていた貨物艙（水バラストの排出のための設備を含む。）であって国土交通省令で定める浄化方法（則第12条の2第2項）により洗浄されたものの水バラストの排出については，適用されない。（第2項）

2.　第1項本文の規定は，緊急時以外でも，船舶からの有害液体物質の排出（第2項の規定による水バラストの排出を除く。）であって，事前処理の方法，排出海域及び排出方法に関し政令で定める基準（令第1条の12，別表第1の6・別表第1の7）に適合するものについては，適用されない。（第3項）

§7-16　有害液体汚染防止管理者（第9条の4）

（1）　有害液体汚染防止管理者は，有害液体物質を輸送する国土交通省令で定める船舶（総トン数200トン以上の船舶。引かれ船等を除く。則第12条の2の5）ごとに，当該船舶に乗り組む船舶職員のうちから，船長を補佐して船舶からの有害液体物質の不適正な排出の防止に関する業務の管理を行うため，船舶所有者から選任された者である。（第1項）

（2）　有害液体汚染防止管理者の要件は，①海技免許を受けている者又は船舶職員となる一定の承認を受けている者であって，②有害液体物質を輸送する船舶に乗り組んで有害液体物質の取扱いに関する作業に1年以上従事した経験を有するもの，又は同管理者を養成する講習として国土交通大臣が定める講習を終了したものでなければならない。

（第4項，則第12条の2の6）

〔**注**〕1.　船舶所有者は，有害液体汚染防止規程を定め，これを船舶内に備え置き，又は掲示しておかなければならない。（第2項）

2.　油濁防止規程及び有害液体汚染防止規程の両方を，作成及び備置き又は掲示しなければならない船舶は，これらの規程に代えて，海洋汚染防止規程を定め，船舶内に備え置き，又は掲示しておくことができる。（第3項）

（3）　有害液体汚染防止管理者は，有害液体汚染防止規程（第9条の4第2項）

に定められた事項を，乗組員及び乗組員以外の者で有害液体物質の取扱いに関する作業を行うものに周知させなければならない。（第４項）

（４）有害液体汚染防止管理者は，有害液体物質記録簿の記載を行う。

（§7-17（２）参照）

§7-16の2　有害液体汚染防止緊急措置手引書（第９条の４）

（１）船舶所有者は，有害液体物質の不適正な排出があり，又は排出のおそれがある場合において当該船舶内にある者が直ちにとるべき措置に関する事項について，有害液体汚染防止緊急措置手引書を作成し，これを船舶内に備え置き，又は掲示しておかなければならない。（第６項）

（２）有害液体汚染防止管理者（選任されていない船舶にあっては，船長）は，有害液体汚染防止緊急措置手引書に定められた事項を，乗組員及び乗組員以外の者で有害液体物質の取扱いに関する作業を行うものに周知させなければならない。（第８項）

〔**注**〕油濁防止緊急措置手引書及び有害液体汚染防止緊急措置手引書の両方を，作成及び備置き又は掲示しなければならない船舶は，これらの手引書に代えて，海洋汚染防止緊急措置手引書を備え置き，又は掲示しておくことができる。（第７項）

§7-17　有害液体物質記録簿（第９条の５）

（１）有害液体物質を輸送する船舶の船長（引かれ船・押され船にあっては，船舶所有者。）は，有害液体物質記録簿を船舶内（引かれ船・押され船にあっては，当該船舶を管理する船舶所有者の事務所。）に備え付けなければならない。（第１項）

（２）有害液体汚染防止管理者（有害液体汚染防止管理者が選任されていない船舶にあっては，船長。）は，当該船舶における有害液体物質の排出その他有害液体物質の取扱いに関する作業で国土交通省令で定めるもの（則第12条の２の30）が行われたときは，その都度，国土交通省令で定めるところ（同条）により，有害液体物質記録簿への記載を行わなければならない。（第２項）

（３）船長は，有害液体物質記録簿をその最後の記載をした日から３年間船舶内に保存しなければならない。（第３項）

（４）上記に定めるもののほか，有害液体物質記録簿の様式その他有害液体物

質記録簿に関し必要な事項は，国土交通省令で定められる。　(第4項)

§7-17の2　未査定液体物質（第9条の6）

（1）　未査定液体物質の排出の禁止（第1項）

第9条の2第1項の規定（§7-15参照）は，未査定液体物質について準用する。

（2）　未査定液体物質の輸送（第4項）

何人も，環境大臣によって環境保全の見地から有害であるかどうかについて査定が行われた後でなければ，船舶により当該未査定液体物質を輸送してはならない。

第3章　船舶からの廃棄物の排出の規制

§7-18　船舶からの廃棄物の排出の禁止（第10条）

（1）　廃棄物の排出の禁止（第1項）

何人も，海域において，船舶から廃棄物を排出してはならない。

(第1項本文)

ただし，次に掲げる緊急時における排出については，この限りでない。

1.　船舶の安全を確保し，又は人命を救助するための廃棄物の排出
2.　船舶の損傷その他やむを得ない原因により廃棄物が排出された場合において引き続く廃棄物の排出を防止するための可能な一切の措置をとったときの当該廃棄物の排出　(第1項ただし書)

（2）　緊急時以外における廃棄物の排出禁止の適用除外（第2項）

第1項本文（廃棄物の排出の禁止）の規定は，緊急時以外でも，次の場合における廃棄物の排出については，適用されない。

1.　船員その他の者の船内の日常生活に伴い生ずるふん尿若しくは汚水又はこれらに類する廃棄物（以下「ふん尿等」という。）の排出（第1号）

　ただし，政令（令第2条）で定める総トン数又は搭載人員以上の船舶からの政令（令第3条）で定めるふん尿等の排出にあっては，排出海域及び排出方法に関し政令（令第3条）で定める基準に従ってする排出に限る。
2.　船員その他の者の日常生活に伴い生ずるごみ又はこれに類する廃棄物

で一定の基準に従ってする排出（第２号）

すべての船舶が対象であり，食物くずのみが，「航行中に排出すること。」等の一定の基準に従って行う場合（令第４条，別表第２の２）に排出できる。例えば，日本沿岸において船舶から排出する場合は，以下の基準に従わなければならない。

① 甲海域（領海の基線から３海里以遠の海域）
　航行中において粉砕式排出方法により排出すること。

② 乙海域（領海の基線から12海里以遠の海域）
　航行中に排出すること。

3. 輸送活動，漁ろう活動等に伴い生ずる廃棄物（政令で定めるもの）で一定の基準に従ってする排出（第３号）

4. （第４号～第８号　略）

〔注〕1. 総トン数100トン以上の船舶及び最大搭載人員15人以上の船舶（則第12条の３の３）の船舶所有者は，船舶発生廃棄物汚染防止規程を定め，これを船舶内に備え置き，又は掲示しておかなければならない。
（第10条の３第１項）

2. 船長は，同規程に定められた事項を，乗組員及び乗組員以外の者で船舶発生廃棄物の取扱いに関する作業を行うものに周知させなければならない。
（第10条の３第２項）

§7-18の2　船舶発生廃棄物記録簿（第10条の４）

（１） 国際航海に従事する船舶のうち，総トン数400トン以上の船舶及び最大搭載人員15人以上の船舶（則第12条の３の５）の船長は，船舶発生廃棄物記録簿を船舶内に備え付けなければならない。（第１項）

（２） 第１項に規定する船舶の船長は，当該船舶における船舶発生廃棄物の排出その他船舶発生廃棄物の取扱いに関する作業で国土交通省令で定めるもの（則第12条の３の６）が行われたときは，その都度，国土交通省令で定めるところ（同条）により，船舶発生廃棄物記録簿への記載を行わなければならない。（第２項）

（３） 船長は，船舶発生廃棄物記録簿をその最後の記載をした日から２年間船舶内に保存しなければならない。（第３項）

（４） 上記に定めるもののほか，船舶発生廃棄物記録簿の様式その他船舶発生廃棄物記録簿に関し必要な事項は，国土交通省令で定められる。（第４項）

§7-18の3　船舶発生廃棄物の排出に関して遵守すべき事項等の掲示（第10条の5）

全長12メートル以上の船舶（一定のものを除く）（則第12条の３の７）の船舶所有者は，国土交通省令（同条）で定めるところにより，当該船舶内にある船員その他の者が船舶発生廃棄物の排出に関して遵守すべき事項その他船舶発生廃棄物の不適正な排出の防止に関する事項を当該船舶内において当該船舶内にある船員その他の者に見やすいように掲示しなければならない。

第３章の２　船舶からの有害水バラストの排出の規制等

§7-18の4　船舶からの有害水バラストの排出の禁止（第17条）

（1）　有害水バラストの排出の禁止（第１項）

何人も，海域において，船舶から有害水バラストを排出してはならない。

（第１項本文）

ただし，次に掲げる緊急時における排出については，この限りでない。

1.　船舶の安全を確保し，又は人命を救助するための有害水バラストの排出

2.　船舶の損傷その他やむを得ない原因により有害水バラストが排出された場合において引き続く有害水バラストの排出を防止するための可能な一切の措置をとったときの当該有害水バラストの排出

（第１項ただし書）

（2）　緊急時以外における有害水バラストの排出禁止の適用除外（第２項）

第１項本文（有害水バラストの排出の禁止）の規定は，緊急時以外でも，次の場合における有害水バラストの排出については，適用されない。

1.　日本国領海等又は公海のみを航行する船舶からの有害水バラストの排出

2.　排出海域その他の事項が海洋環境の保全の見地から有害となるおそれがないものとして政令（令第９条）で定める基準に適合する有害水バラストの排出

3.　船舶バラスト水規制管理条約締約国のうちの１の国の内水，領海若しくは排他的経済水域又は公海のみを航行する船舶からの当該船舶バラス

ト水規制管理条約締約国の法令に従ってする有害水バラストの排出

4.　2以上の船舶バラスト水規制管理条約締約国間において海洋環境の保全の見地から有害となるおそれがないものとして合意されて行われる当該船舶バラスト水規制管理条約締約国の内水，領海又は排他的経済水域における有害水バラストの排出であって，当該排出に関し政令（令第9条の2）で定める要件に適合するもの

5.　有害水バラストの排出による海洋の汚染の防止に関する試験，研究又は調査のためにする有害水バラストの排出であって，あらかじめ国土交通大臣の承認を受けてするもの

§7-18の5　有害水バラスト処理設備（第17条の2）

船舶所有者は，国土交通省令（則第12条の14の12）で定める船舶に，有害水バラスト処理設備証明書の交付又は国土交通省令で定める技術上の基準（以下「有害水バラスト処理設備技術基準」という。）に適合するものであることについて国土交通大臣の行う確認を受けた有害水バラスト処理設備（有害水バラストの船舶内における処理のための設備）を設置しなければならない。

〔**注**〕 有害水バラスト処理設備を設置すべき船舶は，次に掲げる船舶以外の船舶である。（則第12条の14の12）

1.　水バラストを積載する構造を有しない船舶
2.　全ての水バラストタンクが恒久的に閉鎖されている船舶
3.　積載された有害水バラストを水域に排出しない船舶
4.　有害水バラスト以外の水バラストのみを積載する船舶
5.　§7-18の4（2）の2.から5.までのいずれかに該当する有害水バラストの排出のみを行う船舶

§7-18の6　有害水バラスト汚染防止管理者等（第17条の3）

（1）　有害水バラスト汚染防止管理者は，国土交通省令（則第12条の14の13）で定める船舶ごとに，当該船舶に乗り組む船舶職員のうちから，船長を補佐して船舶からの有害水バラストの不適正な排出の防止に関する業務の管理を行うため，船舶所有者から選任された者である。　（第1項）

〔**注**〕 有害水バラスト汚染防止管理者を選任すべき船舶は，次に掲げる船舶以外の船舶である。（則第12条の14の13）

1.　水バラストを積載する構造を有しない船舶
2.　船舶バラスト水規制管理条約締約国のうちの１の国の領海等又は公海のみを航行する船舶であって，当該船舶バラスト水規制管理条約締約国の法令に従って有害水バラストの排出を行うもの

(２)　船舶所有者は，有害水バラスト汚染防止措置手引書を作成し，これを船舶内に備え置き，又は掲示しておかなければならない。　（第２項）

(３)　有害水バラスト汚染防止管理者（選任のない場合は船長）は，有害水バラスト汚染防止措置手引書に定められた事項を，乗組員及び乗組員以外の者で有害水バラストの取扱いに関する作業を行うものに周知させなければならない。　（第３項）

§7-18の7　水バラスト記録簿（第17条の４）

(１)　有害水バラスト汚染防止管理者を選任すべき船舶の船長（引かれ船等にあっては，船舶所有者。）は，水バラスト記録簿を船舶内（引かれ船等にあっては，引き船等内）に備え付けなければならない。
（第１項，則第12条の14の15）

(２)　有害水バラスト汚染防止管理者は，当該船舶における有害水バラストの排出その他水バラストの取扱いに関する作業で国土交通省令（則第12条の14の16）で定めるものが行われたときは，その都度，水バラスト記録簿への記載を行わなければならない。　（第２項）

(３)　船長は，水バラスト記録簿をその最後の記載をした日から２年間船舶内（引かれ船等にあっては，引き船等内）に保存しなければならない。
（第３項）

(４)　船舶所有者は，上記(３)の規定により保存された水バラスト記録簿について，上記の期間が経過した日から３年間当該船舶所有者の事務所に保存しなければならない。

(５)　水バラスト記録簿の様式その他水バラスト記録簿に関し必要な事項は，上記に定めるもののほかは，国土交通省令で定められる。　（第４項）

§7－18の8　有害水バラスト処理設備等の適用除外（第17条の５）

以下の規定は，日本国領海等又は公海のみを航行する船舶については，適用されない。

1. 有害水バラスト処理設備（第17条の２）
2. 有害水バラスト汚染防止管理者等（第17条の３）
3. 水バラスト記録簿（第17条の４）　（第１項。第２項　略）

第４章　海洋施設及び航空機からの油，有害液体物質及び廃棄物の排出の規制

（略）

第４章の２　油，有害液体物質等及び廃棄物の海底下廃棄の規制

（略）

第４章の３　船舶からの排出ガスの放出の規制

§7-19　窒素酸化物の放出量に係る放出基準（第19条の3）

船舶に設置される原動機（窒素酸化物（NOx）の放出量を低減させるための装置が備え付けられている場合にあっては，当該装置を含む。）から発生するNOxの放出量に係る放出基準は，放出海域並びに原動機の種類及び能力に応じて，政令（令第11条の７）で定める。

§7-20　原動機の設置（第19条の7）

船舶所有者は，船舶に原動機を設置するときは，一定の場合を除き，国際大気汚染防止原動機証書の交付を受けた原動機を設置しなければならない。
（第１項）

§7-21　国際大気汚染防止原動機証書等の備置き（第19条の8）

船舶所有者は，船舶に原動機を設置したときは，同船舶内に，国際大気汚染防止原動機証書（交付を受けている場合に限る。）及び承認原動機取扱手引書を備え置かなければならない。

§7-21の2　燃料油の使用等に関する規制（第19条の21，同21の2，同22）

（１）　燃料油の使用等（第19条の21）

(1)　何人も，海域において，船舶に燃料油を使用するときは，政令で定める海域ごとに，硫黄分の濃度その他の品質が政令で定める基準（令第11条の10）に適合する燃料油（以下「基準適合燃料油」という。）を使用しなければならない。
（第１項本文）

ただし，次に掲げる緊急時の使用については，この限りでない。

1.　船舶の安全を確保し，又は人命を救助するために必要な場合

2.　船舶の損傷その他やむを得ない原因により基準適合燃料油以外の燃料油を使用した場合において，引き続く当該燃料油の使用による硫黄酸化物の放出を防止するための可能な一切の措置をとったとき。

（第1項ただし書き）

⑵　第1項本文の規定は，緊急時以外でも，硫黄酸化物放出低減装置を使用するなど，一定の場合には適用されない。（第2項～第5項）

（2）　燃料油変更作業手引書（第19条の21の2）

航行中に，進入しようとする海域に係る上記の基準に適合させるため，その使用する燃料油の変更をする船舶の船舶所有者は，当該燃料油の変更に関する作業を行う者が遵守すべき事項その他の国土交通省令で定める事項を記載した燃料油変更作業手引書を作成し，これを当該船舶内に備え置かなければならない。

（3）　燃料油供給証明書等（第19条の22）

国際航海に従事する総トン数400トン以上の船舶（則第12条の17の7）の船長（引かれ船等にあっては，船舶所有者）は，当該船舶に燃料油を搭載する場合においては，燃料油供給証明書及び提出された試料を，当該燃料油を搭載した日から国土交通省令で定める期間（則第12条の17の10）を経過するまでの間，当該船舶内に備え置かなければならない。（第1項）

§7-21の3　揮発性有機化合物質（VOC）の放出規制（第19条の24，同24の2）

（1）　揮発性物質放出防止設備等（第19条の24）

⑴　船舶所有者は，揮発性物質放出規制港湾において揮発性有機化合物質を放出する貨物の積込みが行われる場合には，当該船舶（その用途，総トン数，貨物の種類等の区分に応じ国土交通省令で定めるものに限る。以下「揮発性物質放出規制対象船舶」という。）に，揮発性物質放出防止設備を設置しなければならない。（第1項）

⑵　揮発性物質放出規制港湾にある揮発性物質放出規制対象船舶において揮発性有機化合物質を放出する貨物の積込みを行う者は，国土交通省令で定めるところにより，揮発性物質放出防止設備を使用しなければならない。

（第3項本文）

ただし，次に掲げる緊急時の使用については，この限りでない。

1. 揮発性物質放出規制対象船舶の安全を確保し，又は人命を救助するために必要な場合
2. 揮発性物質放出規制対象船舶の損傷その他やむを得ない原因により揮発性有機化合物質が放出された場合において，引き続く揮発性有機化合物質の放出を防止するための可能な一切の措置をとったとき。

（第 3 項ただし書き）

（2） 揮発性物質放出防止措置手引書（第19条の24の 2）

⑴ 原油タンカーの船舶所有者は，貨物として積載している原油の取扱いに関する作業を行う者が，当該原油タンカーからの揮発性有機化合物質の放出を防止するために遵守すべき事項について，揮発性物質放出防止措置手引書を作成し，これを当該原油タンカー内に備え置き，又は掲示しておかなければならない。（第 1 項）

⑵ 原油タンカーの船長は，同手引書に定められた事項を，当該原油タンカーの乗組員及び乗組員以外の者で当該原油タンカーに係る業務を行う者のうち貨物として積載している原油の取扱いに関する作業を行うものに周知させなければならない。（第 3 項）

〔**注**〕 揮発性物質放出規制港湾には，現在のところオランダ及び韓国の港が数港指定されているが，日本国内にはない。

§7-21の4　二酸化炭素の放出抑制（第19条の25 ～ 29）

（1） 二酸化炭素放出抑制航行手引書（第19条の25第 1 項）

日本国の内水，領海又は排他的経済水域（以下「日本国領海等」という。）のみを航行する船舶以外の一定の船舶（以下「二酸化炭素放出抑制対象船舶」という。）の船舶所有者は，二酸化炭素放出抑制航行手引書を作成し，国土交通大臣の承認を受けなければならない。

（2） 二酸化炭素放出抑制指標に係る確認（第19条の26第 1 項）

一定の二酸化炭素放出抑制対象船舶の船舶所有者は，二酸化炭素放出抑制航行手引書の承認を受けようとするときは，あらかじめ，当該二酸化炭素放出抑制対象船舶の二酸化炭素放出抑制指標が，次の各号のいずれにも適合することについて，国土交通大臣の確認を受けなければならない。

1. 国土交通省令で定める技術上の基準により算定されていること。

2.　船舶の用途及び載貨重量トン数，その他の船舶の大きさに関する指標に応じて国土交通省令・環境省令で定める基準に適合するものであること。

〔注〕 二酸化炭素放出抑制指標：国土交通省令で定めるところにより二酸化炭素放出抑制対象船舶を航行させる場合における当該二酸化炭素放出抑制対象船舶からの二酸化炭素の放出量であって，当該二酸化炭素放出抑制対象船舶についてその航行に係る二酸化炭素の放出を抑制するための措置を講ずるに当たっての指標となるものをいう。（第19条の26第１項中段）

（３）　二酸化炭素放出抑制対象船舶の航行（第19条の28第１項）

二酸化炭素放出抑制対象船舶は，有効な国際二酸化炭素放出抑制船舶証書の交付を受けているものでなければ，日本国領海等以外の海域において航行の用に供してはならない。

〔注〕 国際二酸化炭素放出抑制船舶証書は，国土交通大臣によって二酸化炭素放出抑制航行手引書が承認されたときに当該二酸化炭素放出抑制対象船舶の船舶所有者に対して交付される。（第19条の27第１項）

（４）　国際二酸化炭素放出抑制船舶証書等の備置き（第19条の29）

国際二酸化炭素放出抑制船舶証書の交付を受けた船舶所有者は，当該二酸化炭素放出抑制対象船舶内に，当該国際二酸化炭素放出抑制船舶証書及び国土交通大臣の承認を受けた二酸化炭素放出抑制航行手引書を備え置かなければならない。

§7-21の5　オゾン層破壊物質（第19条の35の3）

船舶所有者は，オゾン層破壊物質を含む材料を使用した船舶（一定の用途のものを除く。）又はオゾン層破壊物質を含む設備（オゾン層破壊物質が放出されるおそれがないものとして国土交通省令で定めるものを除く。）を設置した船舶（一定の用途のものを除く。）を航行の用に供してはならない。

第４章の４　船舶及び海洋施設における油，有害液体物質等及び廃棄物の焼却の規制

§7-21の6　油等の焼却の規制（第19条の35の4）

（１）　油等の焼却の禁止（第１項）

何人も，船舶（海洋施設）において，油等の焼却をしてはならない。た

だし，①船舶（海洋施設）の安全を確保し，若しくは②人命を救助するために油等の焼却をする場合又は③船舶においてその焼却が海洋環境の保全等に著しい障害を及ぼすおそれがあるものとして，政令（令第12条）で定める油等以外で，当該船舶において生ずる不要なもの（以下「船舶発生油等」という。）の焼却をする場合はこの限りでない。

（2）「油等の焼却禁止」の適用除外

第1項の規定は，締約国において積み込まれた油等の当該締約国の法令に従ってする焼却（本法周辺海域においてするものを除く。）（第5項第2号）については，適用しない。

（3）船舶発生油等焼却設備による船舶発生油等の焼却（第2項）

船舶において，船舶発生油等の焼却をしようとする者は，技術基準に関する省令に適合する船舶発生油等焼却設備を用いて行わなければならない。（第2項本文）

ただし，次に掲げる焼却については，この限りでない。

1. 国土交通省令で定める船舶発生油等の焼却であって，政令で定める焼却海域及び焼却方法に関する基準に従って行うもの
2. 海底及びその下における鉱物資源の掘採に従事している船舶において専ら当該活動に伴い発生する船舶発生油等の焼却　（第2項ただし書）

（4）船舶発生油等焼却設備取扱手引書（第3項）

船舶所有者は，船舶に船舶発生油等焼却設備を設置したときは，当該設備の使用，整備，その他設備の取扱いに当たり遵守すべき事項，その他の国土交通省令で定める事項（則第12条の17の23）を記載した船舶発生油等焼却設備取扱手引書を作成し，これを船舶内に備え置かなければならない。

（5）船舶発生油等焼却設備の取扱い（第4項）

船長（引かれ船等にあっては，船舶所有者）は，船舶発生油等焼却設備の取扱いに関する作業については，船舶発生油等焼却設備取扱手引書に定められた事項を適確に実施することができる者に行わせなければならない。

第４章の５ 船舶の海洋汚染防止設備等及び海洋汚染防止緊急措置手引書等並びに大気汚染防止検査対象設備の検査等及び揮発性物質放出防止措置手引書の検査等

§7-22 海洋汚染防止設備等の検査（第19条の36，第19条の38，第19条の39）

（１） 定期検査（第19条の36）

次の表の左欄に掲げる船舶（以下「検査対象船舶」という。）の船舶所有者は，同船舶を初めて航行の用に供しようとするときは，それぞれ同表の右欄に掲げる設備等について，国土交通大臣の行う定期検査を受けなければならない。

海洋汚染等防止証書（第19条の37第１項）（§7-23参照）の交付を受けた検査対象船舶をその有効期間満了後も航行の用に供しようとするときも，同様とする。

検査対象船舶（要旨）	設備等（要旨）
① 海洋汚染防止設備（ビルジ等排出防止設備，水バラスト等排出防止設備，分離バラストタンク，貨物艙原油洗浄設備，有害液体物質排出防止設備，ふん尿等排出防止設備又は，有害水バラスト処理設備）を設置すべき船舶のうち，海洋の汚染を最小限度にとどめるために検査を必要とするものとして国土交通省令〔注〕で定める一定の船舶	検査対象船舶に設置された海洋汚染防止設備（タンカー又は有害液体物質を輸送する船舶にあっては，その貨物艙を含む。以下「海洋汚染防止設備等」という。）
② 油濁防止緊急措置手引書，有害液体汚染防止緊急措置手引書若しくは有害水バラスト汚染防止措置手引書又は船舶間貨物油積替作業手引書（以下「海洋汚染防止緊急措置手引書等」という。）を備え置き，又は掲示すべき船舶（国土交通省令〔注〕で定める一定の船舶を除く。）	検査対象船舶に備え置き，又は掲示された海洋汚染防止緊急措置手引書等
③ 船舶から排出ガスの放出があった場合における大気の汚染を最小限度にとどめるために国土交通省令〔注〕で定める一定の船舶	検査対象船舶に設置された大気汚染防止検査対象設備（原動機，硫黄酸化物放出低減装置，揮発性物質放出防止設備並びに船舶発生油等焼却設備）
④ 原油タンカー	検査対象船舶に備え置き，又は掲示された揮発性物質放出防止措置手引書

〔**注**〕 海洋汚染等及び海上災害の防止に関する法律の規定に基づく船舶の設備等の検査等に関する規則（以下「検査等に関する規則」という。）第2条

（2） 中間検査（第19条の38）

海洋汚染等防止証書の交付を受けた検査対象船舶の船舶所有者は，同証書の有効期間中において国土交通省令〔注〕で定める時期に，次の事項について国土交通大臣の行う中間検査を受けなければならない。

1. 海洋汚染防止設備等（ふん尿等排出防止設備を除く。）
2. 大気汚染防止検査対象設備
3. 海洋汚染防止緊急措置手引書等
4. 揮発性物質放出防止措置手引書

〔**注**〕「検査等に関する規則」第14条

（3） 臨時検査（第19条の39）

海洋汚染等防止証書の交付を受けた検査対象船舶の船舶所有者は，次の事項を行うときは，国土交通大臣の行う臨時検査を受けなければならない。

1. 海洋汚染防止設備等又は大気汚染防止検査対象設備について一定の改造又は修理
2. 海洋汚染防止緊急措置手引書等及び揮発性物質放出防止措置手引書について一定の変更

§7-23 海洋汚染等防止証書等（第19条の37，第19条の41～第19条の43，第19条の45）

（1） 海洋汚染等防止証書（第19条の37）

1. 国土交通大臣は，定期検査の結果，①海洋汚染防止設備等，②海洋汚染防止緊急措置手引書等，③大気汚染防止検査対象設備及び④揮発性物質放出防止措置手引書が規定の技術基準に適合すると認めるときは，船舶所有者に対し，上記の設備等及び手引書等に関し一定の区分に従い，海洋汚染等防止証書を交付しなければならない。（第1項）
2. 有効期間は5年。（平水区域を航行区域とする一定の船舶は国土交通大臣が別に定める期間）

   ただし，有効期間が満了する時において，一定の事由がある船舶は，国土交通大臣は3月を限りその有効期間を延長することができる。（第2項）

（２） 臨時海洋汚染等防止証書（第19条の41）

1. 有効な海洋汚染等防止証書の交付を受けていない検査対象船舶の船舶所有者は，同船舶を臨時に航行の用に供しようとするときは，国土交通大臣の行う検査を受けなければならない。（第１項）

2. 国土交通大臣は，第１項の検査の結果，①海洋汚染防止設備等，②大気汚染防止検査対象設備，③海洋汚染防止緊急措置手引書等，④揮発性物質放出防止措置手引書が規定の技術基準に適合すると認めるときは，船舶所有者に対し，上記の設備等及び手引書等に関し一定の区分に従い，６月以内の有効期間を定めて臨時海洋汚染等防止証書を交付しなければならない。（第２項）

（３） 海洋汚染等防止検査手帳（第19条の42）

国土交通大臣は，海洋汚染防止設備等の法定検査（定期検査，中間検査，臨時検査，第19条の41第１項の臨時に航行の用に供する検査）に関する事項を記録するため，最初の定期検査に合格した検査対象船舶の船舶所有者に対し，海洋汚染等防止検査手帳を交付しなければならない。

（４） 国際海洋汚染等防止証書（第19条の43）

国土交通大臣は，国際航海に従事する検査対象船舶の船舶所有者の申請により，設備等及び手引書等に関し国土交通省令（「検査等に関する規則」第18条）で定める一定の区分に従い，国際海洋汚染等防止証書を交付するものとする。（第１項）

（５） 海洋汚染等防止証書等の備置き（第19条の45）

海洋汚染等防止証書，臨時海洋汚染等防止証書若しくは国際海洋汚染等防止証書又は海洋汚染等防止検査手帳の交付を受けた船舶所有者は，船舶内に，これらの証書又は手帳を備え置かなければならない。

§7-24 検査対象船舶の航行（第19条の44）

（１） 検査対象船舶は，有効な海洋汚染等防止証書又は臨時海洋汚染等防止証書の交付を受けているものでなければ，航行の用に供してはならない。（第１項）

（２） 検査対象船舶は，有効な国際海洋汚染等防止証書の交付を受けているものでなければ，国際航海に従事させてはならない。（第２項）

（３） 検査対象船舶（有害水バラスト処理設備を設置し，又は有害水バラスト汚染防止措置手引書を備え置き，若しくは掲示すべきものに限る。）は，有効な国際海洋汚染等防止証書の交付を受けているものでなければ，1の国の内水，領海若しくは排他的経済水域又は公海における航海以外の航海に従事させてはならない。（第3項）

（4）　検査対象船舶は，海洋汚染等防止証書，臨時海洋汚染等防止証書又は国際海洋汚染等防止証書に記載された条件に従わなければ，航行の用に供してはならない。（第4項）

§7-25　技術基準適合命令等（第19条の48）

（1）　設備等が技術基準に適合しないときの改善命令（第1項）

国土交通大臣は，当該船舶に①設置された海洋汚染防止設備等若しくは②大気汚染防止検査対象設備又は③備え置き，若しくは掲示された海洋汚染防止緊急措置手引書等若しくは④揮発性物質放出防止措置手引書が技術基準（第19条の37参照）に適合しなくなったと認めるときは，その船舶の船舶所有者に対し，次に掲げる措置をとるべきことを命ずることができる。

1.　海洋汚染等防止証書又は臨時海洋汚染等防止証書の返納
2.　海洋汚染防止設備等又は大気汚染防止検査対象設備の改造又は修理
3.　海洋汚染防止緊急措置手引書等又は揮発性物質放出防止措置手引書の変更
4.　その他の必要な措置

（2）　航行停止等の処分（第2項）

国土交通大臣は，（1）の規定に基づく命令を発したにもかかわらず，当該船舶の船舶所有者がその命令に従わない場合において，航行を継続することが海洋環境の保全等に障害を及ぼすおそれがあると認めるときは，その船舶の船舶所有者又は船長に対し，次に掲げる処分をとることができる。

1.　航行の停止
2.　航行の差し止め

（3）　緊急時の処分（第3項）

国土交通大臣があらかじめ指定する国土交通省の職員は，（2）に規定する場合において，海洋環境の保全等を図るため緊急の必要があると認めるときは，（2）に規定する国土交通大臣の権限を即時に行うことができる。

（4） 改善命令の事実がなくなったときの処分の取消し（第4項）

国土交通大臣は，（2）の規定による処分に係る船舶について，（1）に規定する事実がなくなったと認めるときは，直ちに，その処分を取り消さなければならない。

本条は，海洋汚染等及び海上災害を防止するため，上記の設備等又は手引書等の改善命令や命令に従わない場合の航行の停止等の厳しい処分を定めたものであるが，船側においては，船舶所有者はもちろんのこと，船員は，かけがえのない海洋環境の保全等のため，それらが技術基準に適合するように整備に努めなければならない。

§7-26 外国船舶の監督（第19条の51）

（1） 外国船舶の設備等が技術基準に適合しないときの改善命令（第1項）

国土交通大臣は，本邦の港又は沿岸の係留施設にある外国船舶に設置された①海洋汚染防止設備等若しくは②大気汚染防止検査対象設備又は③海洋汚染防止緊急措置手引書等若しくは④揮発性物質放出防止措置手引書が技術基準に適合していないと認めるときは，当該船舶の船長に対し，次に掲げる措置をとるべきことを命ずることができる。

1. 海洋汚染防止設備等又は大気汚染防止検査対象設備の改造又は修理
2. 海洋汚染防止緊急措置手引書等又は揮発性物質放出防止措置手引書の変更
3. その他の必要な措置 （第1項。第2項～第3項 略）

（2） 外国船舶の航行停止等の処分等（第4項）

1. 航行の停止又は航行の差止めの処分（§7-25（2）準用）
2. 緊急時の処分（§7-25（3）準用）
3. 改善命令の事実がなくなったときの処分の取消し（§7-25（4）準用）

本条は，海洋汚染防止条約（§12-31）等に基づいて，条約締約国は互いに外国船舶を監督し合って，海洋環境の保全等に役立てようとするものである。

日本船舶も，外国の港においては，外国の監督を受けることになるので，これらのことに十分に留意しなければならない。

第５章　廃油処理事業等

（略）

第６章　海洋の汚染及び海上災害の防止措置

§7-27　油等の排出の通報等（第38条）

（１）　油等の排出があった場合の通報等（第１項）

船舶から次に掲げる油その他の物質（以下「油等」という。）の排出があった場合には，当該船舶の船長は，国土交通省令（則第27条）で定めるところにより，当該排出があった日時及び場所，排出の状況，海洋の汚染の防止のために講じた措置その他の事項を直ちに最寄りの海上保安機関に通報しなければならない。

ただし，当該排出された油等が国土交通省令で定める範囲（１万平方メートル…則第28条）を超えて広がるおそれがないと認められるときは，この限りでない。

⑴　大量の特定油の排出（第１号）

蒸発しにくい油で国土交通省令で定めるもの，すなわち「特定油」（①原油，②日本工業規格K2205に適合する重油，③前記以外の一定の重油，④潤滑油及び⑤これらの油を含む油性混合物…則第29条）の排出であって，その濃度及び量が国土交通省令で定める基準（㋑特定油分の濃度が1,000ppm，㋺特定油の量が100リットルの特定油分を含む量…則第30条）以上であるもの（以下「大量の特定油の排出」という。）

⑵　油の排出（大量の特定油の排出を除く。）であって，その濃度及び量が国土交通省令で定める基準（㋑油分の濃度が1,000ppm，㋺油の量が100リットルの油分を含む量…則第30条の２）以上であるもの。　（第２号）

⑶　有害液体物質等や容器入り有害物質の排出であって，その量が国土交通省令（則第30条の２の２等）で定める量以上であるもの。

（第３号〜第４号）

「国土交通省令で定める通報」は，次のとおりである。　（則第27条）

1.　通報事項

①　油等の排出があった日時及び場所

②　排出された油等の種類，量及びひろがりの状況

③　排出された容器入り有害物質の容器の種類，数量及び状態

④　油等の排出時における風及び海面の状態

⑤　排出された油等による海洋の汚染の防止のために講じた措置

⑥　船舶の名称，種類，総トン数及び船籍港

⑦　船舶所有者の氏名又は名称及び住所

⑧　船舶に積載されていた油等の種類及び量

⑨　容器入り有害物質の排出の場合にあっては，船舶に積載されていた容器の種類及び数量

⑩　海洋の汚染の防止のための器材及び消耗品の種類及び量

⑪　損壊箇所及びその損壊の程度

2.　通報の方法

電信，電話その他のなるべく早く到達するような手段により行う。

（2）　海難による油等の排出のおそれがある場合の通報等（第2項）

船舶の衝突，乗揚げ，機関の故障その他の海難が発生した場合において，船舶から（1）の(1)〜(3)に示す油等の排出のおそれがあるときは，当該船舶の船長は，国土交通省令（則第30条の3）で定めるところにより，当該海難があった日時及び場所，海難の状況，油等の排出が生じた場合に海洋の汚染の防止のために講じようとする措置その他の事項を直ちに最寄りの海上保安機関に通報しなければならない。

ただし，油等の排出が生じた場合に当該排出された油等が1万平方メートル（則第28条）を超えて広がるおそれがないと予想されるときは，この限りでない。

（3）　大量の油又は有害液体物質の排出があった場合の通報（第5項）

大量の油又は有害液体物質の排出があった場合には，その排出の原因となる行為をしたものは，上記（1）の規定に準じて通報を行わなければならない。ただし，（1）の船舶の船長が通報を行ったことが明らかなときは，この限りでない。

（4）　海上保安機関への情報の提供（第6項）

（1）若しくは（2）の船舶の船舶所有者その他当該船舶の運航に関し権原を有する者は，海上保安機関から，第1項から第4項までに規定する油等の排出又は海難若しくは異常な現象による海洋の汚染を防止するために必要な情報の提供を求められたときは，できる限り，これに応じなければならない。

（5）　油又は有害液体物質排出の発見者の通報（第 7 項）

油又は有害液体物質が 1 万平方メートル（則第28条）を超えて海面に広がっていることを発見した者は，遅滞なく，その旨を最寄りの海上保安機関に通報しなければならない。

§7-28　大量の油又は有害液体物質の排出があった場合の防除措置等（第39条～第39条の 2）

（1）　船長等による防除措置（第39条第 1 項）

大量の油又は有害液体物質の排出があったときは，当該船舶の船長（当該施設の管理者又は排出の原因となる行為をした者）は，直ちに，国土交通省令（則第31条）で定めるところにより，排出された油又は有害液体物質の広がり及び引き続く排出の防止並びに除去（以下「排出油等の防除」という。）のための応急措置を講じなければならない。

「応急措置」とは，下記の措置のうち排出油等の防除のため有効かつ適切な措置であって現場において講ずることができるものである。

（則第31条）

①　オイルフェンスの展張その他の排出された油又は有害液体物質の広がりの防止のための措置

②　損壊箇所の修理その他の引き続く油又は有害液体物質の排出の防止のための措置

③　他の貨物艙・貯槽への残っている油又は有害液体物質の移替え

④　排出された油又は有害液体物質の回収

⑤　油処理剤その他の薬剤の散布による排出された油又は有害液体物質の処理

なお，これらの措置を講じた者は，直ちに，現場にいる海上保安官又は最寄りの海上保安庁の事務所に通報しなければならない。　（則第33条）

（2）　船舶所有者等による防除措置（第39条第 2 項）

大量の油又は有害液体物質の排出があったときは，当該船舶の船舶所有者（当該施設の設置者又は排出の原因となる行為をした者の使用者）は，直ちに，国土交通省令（則第32条）で定めるところにより，排出油等の防除のため必要な措置を講じなければならない。

ただし，（1）に定める者が同項の規定による措置を講じた場合において，これらの者が講ずる措置のみによって確実に排出油等の防除ができると認められるときは，この限りでない。

（３）　海上保安庁長官による措置命令（第39条第３項）

海上保安庁長官は，（２）に掲げる船舶所有者等が必要な措置を講じていないと認められるときは，これらの者に対し，（２）の措置を講ずるよう命ずることができる。

（４）　荷送人等による防除の援助・協力（第39条第４項）

大量の油又は有害液体物質の排出が港内又は港の付近にある船舶から行われたものであるときは，荷送人，荷受人又は係留施設の管理者は，当該排出油等の防除の措置の実施について援助し，又は協力するように努めなければならない。

（５）　海難発生時の海上保安庁長官による措置命令（第39条第５項）

海上保安庁長官は，船舶の衝突，乗揚げ，機関の故障その他の海難が発生した場合において，当該船舶からの大量の油又は有害液体物質の排出のおそれがあり，緊急にこれを防止する必要があると認めるときは，当該船舶の船長又は船舶所有者に対し，国土交通省令で定めるところにより，排出のおそれがある油又は有害液体物質の抜取りその他排出の防止のため必要な措置を講ずべきことを命ずることができる。

（６）　船舶交通の制限（第39条の２）

海上保安庁長官は，大量の油又は有害液体物質の排出があった場合において，緊急に排出油等の防除のための措置を講ずる必要があると認めるときは，①当該措置を講ずる現場の海域にある船舶の船長に対しその船舶をその海域から退去させることを命じ，若しくは②その海域に進入してくる船舶の船長に対しその進入を中止させることを命じ，又は③その海域を航行する船舶の航行を制限することができる。

§7-28の2　排出特定油の防除のための資材（第39条の３）

総トン数150トン以上のタンカー（兼用タンカーにあっては，ばら積みの液体貨物を積載する貨物艙の容量が300立方メートル以上であるものに限る。）であって，貨物としてばら積みの特定油を積載しているもの（則第33条の７）の船舶所有者は，船舶から特定油が排出された場合において，排出された特定油の広がり及び引き続く特定油の排出の防止並びに排出された特定油の除去のための措置を講ずることができるよう，国土交通省令で定めるところ（則第33条の3）により，当該船舶又は随伴船内，備付基地（則第33条の5）にオイルフェンス，薬剤その他の資材（特定油防除資材）を備え付けておかなければならない。ただし，港湾（港則法に基づく港）その他の国土交通省令で定める下記の海域（則第33条の6）を航行中である場合に限る。

① 東京湾　② 伊勢湾　③ 瀬戸内海　④ 鹿児島湾

（それぞれ境界が詳しく定められている。）

§7-29　油回収船等の配備（第39条の4）

（1） 特定タンカーの油回収船等の配備（第1項）

特定タンカー（総トン数5,000トン（則第33条の8第1項）以上のタンカー（貨物艙の一部分がばら積みの液体貨物の輸送のための構造を有するタンカーにあっては，その貨物艙の一部分の容量が1万立方メートル（同条第2項）以上であるものに限る。））の船舶所有者は，

① 東京湾（境界が詳しく定められている。）

② 伊勢湾（ 〃 ）

③ 瀬戸内海（ 〃 ）　（則第33条第9項）

を，特定タンカーに貨物としてばら積みの特定油を積載して航行させるときは，次に掲げるものを配備しなければならない。

1. 油回収船，又は
2. 特定油を回収するための機械器具で国土交通省令で定めるもの（以下「油回収装置等」という。）

〔注〕「油回収装置等」とは，①持続的に特定油を収取することができる一定の装置（以下「油回収装置」という。）及び②特定油の回収の用に供する一定の船舶（以下「補助船」という。）である。（則第33条の10）

（2） 回収船等の配備の場所等（第2項）

（1）の油回収船及び特定油を回収するための機械器具の配備の場所その他配備に関し必要な事項は，国土交通省令（則第33条の11）に定める。

§7-30　危険物の排出があった場合の措置（第42条の2）

（1） 危険物排出の通報（第1項）

危険物の排出（海域の大気中に流すことを含む。）があった場合で，海上

火災が発生するおそれがあるときは，当該船舶の船長（又は危険物の排出の原因となる行為をした者）は，次の事項を，直ちに最寄りの海上保安庁の事務所に通報しなければならない。

ただし，第38条（§7-27）第１項～第５項の規定による通報をした場合は，この限りでない。

1.　危険物の排出があった日時及び場所
2.　排出された危険物の量及び広がりの状況
3.　排出された危険物が積載されていた船舶（則第37条の２第１項）
　①　船舶の名称，種類，総トン数及び船籍港
　②　船舶所有者の氏名又は名称及び住所
　③　船舶に積載されていた危険物の種類及び量
　④　船舶から排出された危険物の種類
　⑤　損壊箇所及びその損壊の程度

なお，通報の方法は，電信，電話その他のなるべく早く到達するような手段により行わなければならない。　（則第37条の２第２項）

（２）　発見者による通報（第２項）

上記（１）の事態を発見した者は，遅滞なく，その旨を最寄りの海上保安庁の事務所に通報しなければならない。

なお，通報の方法は，電信，電話その他のなるべく早く到達するような手段により行わなければならない。　（則第37条の２第２項）

（３）　危険物排出の防止等の措置（第３項）

当該船舶の船長（又は危険物の排出の原因となる行為をした者）は，直ちに，次の措置を講じなければならない。

1.　引き続く危険物の排出の防止及び排出された危険物の火災の発生の防止のための応急措置
2.　現場付近にある者又は船舶に対し注意を喚起するための措置

（４）　海上保安庁長官による海上災害の発生防止のための措置命令（第４項）

上記（１）に規定する場合において，海上保安庁長官は，海上災害の発生を防止するため必要があると認めるときは，次に掲げる者に対し，国土交通省令で定めるところにより，引き続く危険物の排出の防止，排出された危険物の火災の発生の防止その他の海上災害の発生の防止のため必要な措置を講ずべきことを命ずることができる。

1. 排出された危険物が積載されていた船舶の船舶所有者
2. 上記1. に掲げる者のほか，その業務に関し当該危険物の排出の原因となる行為をした者の使用者（当該行為をした者が船舶の乗組員であるときは，当該船舶の船舶所有者）

§7-31　海上火災が発生した場合の措置（第42条の３～第42条の４）

（１） 海上火災発生の通報（第42条の３第１項）

貨物としてばら積みの危険物を積載している船舶（又は危険物）の海上火災が発生したときは，当該船舶の船長（又は海上火災の原因となる行為をした者）は，次の事項を，直ちに最寄りの海上保安庁の事務所に通報しなければならない。

ただし，第38条（§7-27）第１項～第５項，第42条の２（§7-30）第１項の規定による通報をした場合は，この限りでない。

1. 海上火災が発生した日時及び場所
2. 海上火災の状況
3. 海上火災が発生した船舶（則第37条の２の３第１項）
   ① 船舶の名称，種類，総トン数及び船籍港
   ② 船舶所有者の氏名若しくは名称及び住所
   ③ 船舶に積載されていた危険物の種類及び量
   ④ 危険物の海上火災が発生している場合には，その危険物の種類

なお，通報の方法は，電信，電話その他のなるべく早く到達するような手段により行わなければならない。　（則第37条の２の３第２項）

（２） 海上火災の消火等の措置（第42条の３第２項）

当該船舶の船長（又は海上火災の原因となる行為をした者）は，直ちに，次の措置を講じなければならない。

1. 消火若しくは延焼の防止又は人命の救助のための応急措置
2. 海上火災の現場付近にある者又は船舶に対し注意を喚起するための措置

（３） 海上保安庁長官による海上災害の拡大防止のための措置命令（第42条の３第３項）

上記(１)に規定する場合において，海上保安庁長官は，海上災害の拡大を防止するため必要があると認めるときは，次に掲げる者に対し，国土交

通省令で定めるところにより，消火，延焼の防止その他の海上災害の拡大の防止のため必要な措置を講ずべきことを命ずることができる。

1.　海上火災が発生した船舶の船舶所有者
2.　海上火災が発生した危険物が積載されていた船舶の船舶所有者
3.　上記1. 及び2. に掲げる者のほか，その業務に関し当該海上火災の原因となる行為をした者の使用者（当該行為をした者が船舶の乗組員であるときは，当該船舶の船舶所有者）

（４）　発見者の通報（第42条の４）

海上火災を発見した者は，遅滞なく，その旨を最寄りの海上保安庁の事務所に通報しなければならない。

なお，通報の方法は，電信，電話その他のなるべく早く到達するような手段により行わなければならない。　（則第37条の２の３第２項）

§7-31の2　危険物の排出が生ずるおそれがある場合の措置（第42条の４の２）

船舶の衝突，乗揚げ，機関の故障その他の海難が発生した場合において，船舶から危険物の排出が生ずるおそれがあるときは，当該船舶の船長は，国土交通省令（則第37条の２の５）で定めるところにより，①当該海難又は異常な現象が発生した日時及び場所，②海難又は異常な現象の状況，③危険物の排出が生じた場合に海上災害の発生の防止のために講じようとする措置④その他の事項を直ちに最寄りの海上保安庁の事務所に通報しなければならない。

ただし，第38条第１項から第５項までの規定（§7-27）による通報をした場合は，この限りでない。　（第１項。第２項　略）

第６章の２　指定海上防災機関

（略）

第７章　雑　則

（略）

第８章　罰　則

（略）

第９章　外国船舶に係る担保金の提供による釈放等

（略）

練習問題

問 ビルジに関して述べた次の文のうち，誤っているものはどれか，番号で答えよ。

(1) 本法で用いられるビルジとは，船底にたまった海水のことである。

(2) ビルジを生じない漁船は，その大小に関係なく油記録簿を備えなくてもよい。

(3) 小型船であっても，定められた基準に適合しないビルジは，排出してはならない。

(4) 機関室にたまったビルジを陸揚げ処分したときでも，油記録簿に記載しなければならない。（五級）

〔**ヒント**〕(1)　§7-3(15)

問 海洋汚染等及び海上災害の防止に関する法律にいう「油」には，原油，重油及び潤滑油のほかに，どんなものがあるか，２つあげよ。（四級，五級）

〔**ヒント**〕①　軽油　②　揮発油　（§7-3(２)）

問「有害液体物質」とは，どんなものか簡単に述べよ。（三級，四級）

〔**ヒント**〕§7-3(３)

問 海洋汚染等及び海上災害の防止に関する法律において，「排出ガス」とはどのようなものか簡単に述べよ。（三級）

〔**ヒント**〕§7-3(９)

問 海洋汚染等及び海上災害の防止に関する法律において，「海洋汚染等」とはどのようなことをいうか。（三級）

〔**ヒント**〕§7-3(17)

問 海洋汚染等及び海上災害の防止に関する法律で使用される次の用語を，それぞれ説明せよ。

(1) 排出　(2) 特定油　(3) 廃棄物　(4) ビルジ　(5) 廃油

(6) 大量の特定油の排出（三級）

〔**ヒント**〕(1)　§7-3(10)　(2)　§7-27(１)(1)　(3)　§7-3(６)

(4)　§7-3(15)　(5)　§7-3(16)　(6)　§7-27(１)(1)

問 海洋汚染等及び海上災害の防止に関する法律の規定により，一般に油や廃棄物を海洋に排出することが許されるのは，次のうちどれか。

(1) 軽油やガソリンのように粘度の低い油の排出

(2) 機関室にたまったビルジの排出

(3) 船舶の安全を確保するための油の排出

(4) 船底に埋没してしまうような廃棄物の排出（六級）

〔**ヒント**〕(3)　§7-5

問 海洋汚染等及び海上災害の防止に関する法律では，船が人命を救助するため船から油を排出することについて，禁止しているかどうかを記せ。（四級，五級）

〔**ヒント**〕 油の排出は，原則として禁止されているが，この場合は，緊急時であるから例外的に適用が除外され，禁止ではない。　（§7-5）

問 海洋汚染等及び海上災害の防止に関する法律第４条第１項では，「何人も，海域において，船舶から油を排出してはならない。」と規定しているが，同条同項におけるただし書き規定により，どのような場合の油の排出については，この限りでないとされているか。要点を述べよ。（三級）

〔**ヒント**〕 ①　船舶の安全を確保し，又は人命を救助するための油の排出

②　船舶の損傷その他やむを得ない原因により油が排出された場合において引き続く油の排出を防止するための可能な一切の措置をとったときの当該油の排出　（§7-5）

問 航行中のタンカーからの貨物油を含む水バラストを排出することが例外的に認められるためには，どのような排出基準に適合しなければならないか。（三級）

〔**ヒント**〕 §7-8

問 「分離バラストタンク」とは，どのような装置か。また，この装置はどんな船舶に設置されなければならないか１つあげよ。（三級）

〔**ヒント**〕 (1)　§7-9(1)3.　　(2)　載貨重量トン数２万トン以上の原油タンカー

問 分離バラストタンクを設置したタンカーの貨物艙に，水バラストを積載していいのは，悪天候下において船舶の安全を確保するためやむを得ない場合のほか，どのような場合か。（三級）

〔**ヒント**〕 §7-10(2)

問 船の運航中に油の排出その他油の取扱いに関する作業が行われたときは，だれが，どんな書類に，そのつど記載しなければならないか。（四級）

〔**ヒント**〕 (1)　油濁防止管理者　　(2)　油記録簿　　（§7-12(3)）

問 海洋汚染等及び海上災害の防止に関する法律の「油濁防止管理者」について：

(ア)　油濁防止管理者を選任しなければならないのは，どのような船舶か。

(イ)　油濁防止管理者は，海技士の免許（海技士（通信）の資格についての免許を除く。）を受けていることのほか，どのような要件を備えた者でなければならないか。

(ウ)　油濁防止管理者は，油の取扱いに関する作業が行われたとき，定められた事項を，そのつど，何に記載しなければならないか。（三級）

〔**ヒント**〕 (ア)　総トン数200トン以上のタンカー（引かれ船等であるタンカー及び係船中のタンカーを除く。）

(イ)　タンカーに乗り組んで油の取扱いに関する作業に１年以上従事した経験を有する者又は油濁防止管理者を養成する講習として国土交通大臣が定め

る講習を修了した者。

(ウ) 油記録簿（§7-12）

問 油濁防止緊急措置手引書は，どんな事項について定めたものか。（四級，三級）

〔ヒント〕 §7-13(1)

問 海洋汚染等及び海上災害の防止に関する法律に規定する「油記録簿の保存」について述べた次の文のうち，正しいものはどれか。（六級）

(1) 最後の記載をした日から2年間船舶内に保存する。

(2) 備え付けた日から5年間船舶内に保存する。

(3) 最後の記載をした日から3年間船舶内に保存する。

(4) 最初に記載をした日から3年間船舶内に保存する。

〔ヒント〕 (3) §7-14

問 油記録簿を船内に保存しなければならない期間を述べよ。（四級，五級）

〔ヒント〕 最後に記載した日から3年間 （§7-14(2)）

問 有害液体汚染防止管理者は，どのような業務の管理を行うか。また，その業務上どんな書類に記載を行うか。（三級）

〔ヒント〕 (1) §7-16 (2) 有害液体物質記録簿 （§7-16(4)）

問 船舶から廃棄物を排出することは禁止されているが，緊急時において例外的に排出が認められるのはどんな場合か，一例をあげよ。（四級，五級）

〔ヒント〕 船舶の安全を確保し，又は人命を救助するための廃棄物の排出 （§7-18(1)）

問 海洋汚染等及び海上災害の防止に関する法律第10条第1項では，「何人も，海域において，船舶から廃棄物を排出してはならない。」と規定しているが，同条同項におけるただし書では，どのような場合の廃棄物の排出について，この限りでないとされているか。要点を述べよ。（三級）

〔ヒント〕 §7-18

問 海洋汚染等及び海上災害の防止に関する法律においては，船舶（海上自衛隊の使用するもの以外）に原動機を設置する場合，一定の場合を除き，どのような原動機を設置しなければならないと規定されているか。（三級）

〔ヒント〕 国際大気汚染防止原動機証書の交付を受けた原動機 （§7-20）

問 船舶（海上自衛隊の使用するもの以外）に原動機を設置したとき，同船舶内に備え置かなければならない書類は何か。（三級）

〔ヒント〕 国際大気汚染防止原動機証書，承認原動機取扱手引書 （§7-21）

問 「海洋汚染等防止証書」に関する次の問いに答えよ。

(1) この証書は船舶のどのような設備等について検査を受け，それらが技術基準に適合すると認められたとき交付されるか。設備等の名称を3つあげよ。

(2) (1)の検査を何というか。

(3) 証書の有効期間は，何年か。 (三級)

〔ヒント〕 (1) 「海洋汚染防止設備」：ビルジ等排出防止設備，水バラスト等排出防止設備，分離バラストタンク，貨物艙原油洗浄設備，有害液体物質排出防止設備又はふん尿等排出防止設備

「海洋汚染防止緊急措置手引書等」：油濁防止緊急措置手引書，有害液体汚染防止緊急措置手引書若しくは海洋汚染防止緊急措置手引書又は船舶間貨物油積替作業手引書

「大気汚染防止検査対象設備」：原動機，硫黄酸化物放出低減装置，揮発性物質放出防止設備並びに船舶発生油等焼却設備（いずれか3つ） (§7-22，23)

(2) 定期検査 (3) 5年

問 海洋汚染等防止証書は，どんなときに国土交通大臣から船舶所有者に交付されるか。また，その有効期間は何年か。 (三級)

〔ヒント〕 (1) §7-23(1) (2) 5年 §7-23(1)

問 海洋汚染等及び海上災害の防止に関する法律に定める「検査対象船舶の航行」に関する次に掲げる規定の空欄に適当な語句を入れよ。

1. 検査対象船舶は，有効な(ア)又は臨時海洋汚染等防止証書の交付を受けているものでなければ，(イ)に供してはならない。
2. 検査対象船舶は，有効な(ウ)の交付を受けているものでなければ，国際航海に従事させてはならない。 (三級)

〔ヒント〕 (ア) 海洋汚染等防止証書 (イ) 航行の用

(ウ) 国際海洋汚染等防止証書 (§7-24)

問 海洋汚染等及び海上災害の防止に関する法律で定められている「特定油」とは，次のうちどれか。

(1) 引火しやすい油で国土交通省令で定めるもの

(2) 引火しにくい油で国土交通省令で定めるもの

(3) 蒸発しやすい油で国土交通省令で定めるもの

(4) 蒸発しにくい油で国土交通省令で定めるもの (三級)

〔ヒント〕 (4) §7-27(1)(1)

問 大量の特定油を排出した船の船長はどのような事項を，直ちに最寄りの海上保安機関の事務所に通報しなければならないか。 (三級)

〔ヒント〕 §7-27(1)

問 海洋汚染等及び海上災害の防止に関する法律及び同法律施行規則によると，油の排出があった場合には所定事項を直ちに最寄りの海上保安機関に通報しなければならないと

規定されているが,「当該排出された油が国土交通省令で定める範囲を超えて広がるおそれがないと認められたときは，この限りでない。」とされている。

下線の範囲は次のうちどれか。

(1) 100平方メートル　(2) 1000平方メートル

(3) 10000平方メートル　(4) 100000平方メートル　（三級）

〔**ヒント**〕 (3)　§7-27(1)

問 総トン数5,000トン以上のタンカーが貨物としてばら積みの特定油を積載して航行する場合に，油回収船又は油回収装置等を配備しなければならないのは，どんな海域においてであるか。　（三級）

〔**ヒント**〕 東京湾，伊勢湾，瀬戸内海　（§7-29）

問 ばら積み危険物を積載したタンカーに火災が発生した場合，当該タンカーの船長は，国土交通省令で定めるところにより，直ちにどのような事項を最寄りの海上保安庁の事務所に通報しなければならないか。　（五級）

〔**ヒント**〕 §7-31(1)

問 貨物としてばら積みの危険物を積載している船舶に海上火災が発生した場合，当該船舶の船長は，最寄りの海上保安庁の事務所に通報するほか，どんな措置をとらなければならないか。　（三級，四級）

〔**ヒント**〕 §7-31(2)

（**参考**）**海洋基本法**（平成19年法律第33号）

海洋基本法は，海技試験の範囲外であるが，船員にとっても深い関係があるので，その概要を簡単に述べる。

この法律は，竹島問題，東シナ海の油田問題などを契機として成立したものである。わが国の海洋政策は，従来はその権限が多くの省庁にまたがり，機動性に欠けていたが，新たに内閣総理大臣のもとに集約して一元化しこれを行い，海洋権益を確保しようとするものである。（詳しくは，条文参照）

第8編　検　疫　法

検疫法及び同法施行規則

§8-1　検疫法の目的（第1条）

検疫法は，国内に常在しない感染症の病原体が船舶又は航空機を介して国内に侵入することを防止するとともに，船舶又は航空機に関してその他の感染症の予防に必要な措置を講ずることを目的としている。

§8-2　検疫感染症（第2条）

検疫感染症とは，次に掲げる感染症をいう。

（1）　一類感染症（感染症の予防及び感染症の患者に対する医療に関する法律に規定するもの）　（第1号）

エボラ出血熱，クリミア・コンゴ出血熱，痘そう，南米出血熱，ペスト，マールブルグ熱，ラッサ熱

（2）　新型インフルエンザ等感染症（前記法律に規定するもの）　（第2号）

（3）　前号（1）及び（2）に掲げるもののほか，国内に常在しない感染症のうちその病原体が国内に侵入することを防止するため，その病原体の有無に関する検査が必要なものとして政令（検疫法施行令）で定めるもの。　（第3号）

ジカウイルス感染症，チクングニア熱，中東呼吸器症候群，デング熱，鳥インフルエンザ（H5N1・H7N9）及びマラリア（令第1条）

〔**注**〕感染症の病原体は，船舶や航空機を介して国内に侵入することが多いが，以下においては，船員の立場から，航空機に関する条項を省いて，船舶に関するもののみを掲げることとする。

【試験細目】

三級，四級，五級，当直三級	検疫法及び同法施行規則	口述のみ
六級	同上	筆記・（口述）

§8-2の2 疑似症及び無症状病原体保有者に対する本法の適用（第２条の２）

（1） 第２条第１号に掲げる感染症の疑似症を呈している者については，同号に掲げる感染症の患者とみなして，この法律を適用する。 （第１項）

（2） 第２条第２号に掲げる感染症の疑似症を呈している者であって当該感染症の病原体に感染したおそれのあるものについては，同号に掲げる感染症の患者とみなして，この法律を適用する。 （第２項）

（3） 第２条第１号に掲げる感染症の病原体を保有している者であって当該感染症の症状を呈していないものについては，同号に掲げる感染症の患者とみなして，この法律を適用する。 （第３項）

§8-3 入港等の禁止（第４条）

「外国から来航した船舶」〔注〕の長は，検疫済証又は仮検疫済証の交付を受けた後でなければ，当該船舶を国内の港に入れさせてはならない。

ただし，「外国から来航した船舶」の長が，次に掲げるいずれかの場合は，この限りでない。

1. 検疫を受けるため当該船舶を検疫区域（第８条第１項）又は検疫所長が指示した検疫区域外の場所に入れる場合
2. 第５条（§8-4）ただし書第１号の確認を受けた者の上陸若しくは同号の確認を受けた物の陸揚げ又は第13条の２（陸揚げ等の指示）の指示に係る貨物の陸揚げのため当該船舶を港（検疫区域又は検疫所長が指示した検疫区域外の場所を除く。）に入れる場合

〔注〕 1. 「外国から来航した船舶」とは，次の船舶をいう。（第４条）

① 外国を発航し，又は外国に寄航して来航した船舶

② 航行中に，外国を発航し又は外国に寄航した他の船舶（検疫済証又は仮検疫済証の交付を受けている船舶を除く。）から人を乗り移らせ，又は物を運び込んだ船舶

2. 検疫区域（第８条）

① 船舶の長は，第17条第２項（検疫済証の交付）の通知を受けた場合を除くほか，検疫を受けようとするときは，当該船舶を検疫区域に入れなければならない。（第１項）

② 上記①の場合において，天候その他の理由により，検疫所長が，当該船舶を検疫区域以外の場所に入れるべきことを指示したときは，船舶の長は，

その指示に従わなければならない。（第 3 項）

③　検疫区域は，厚生労働大臣が国土交通大臣と協議して，検疫港（京浜港，阪神港など89港）ごとに 1 以上を定め，告示されている（第 4 項）。また，海図にも検疫錨地として記載されている。

3.　検疫済証又は仮検疫済証の交付（第17条，第18条）

検疫所長は，以下の場合に，船長に対して検疫済証又は仮検疫済証を交付する。

①　検疫済証：検疫感染症の病原体が国内に侵入するおそれがないと認めたとき。

②　仮検疫済証：検疫済証を交付することができない場合においても，当該船舶を介して検疫感染症の病原体が国内に侵入するおそれがほとんどないと認めたとき。（一定の期間を定めて交付される）

§8-4　交通等の制限（第 5 条）

「外国から来航した船舶」は，その長が検疫済証又は仮検疫済証の交付を受けた後でなければ，何人も，当該船舶から上陸し，又は物を陸揚げしてはならない。

ただし，次の各号のいずれかに該当する場合は，この限りでない。

1.　検疫感染症の病原体に汚染していないことが明らかである旨の検疫所長の確認を受けて当該船舶から上陸し，又は物を陸揚げするとき。
2.　第13条の 2（陸揚げ等の指示）の指示に従って，当該貨物を陸揚げし，又は運び出すとき。
3.　緊急やむを得ないと認められる場合において，検疫所長の許可を受けたとき。

§8-5　検疫前の通報（第 6 条）

検疫を受けようとする船舶の船長は，当該船舶が検疫港に近づいたときは，適宜の方法で，当該検疫港に置かれている検疫所（検疫所の支所及び出張所を含む。）の長に，検疫感染症の患者又は死者の有無その他厚生労働省令で定める事項を通報しなければならない。

§8-6　検疫信号（第 9 条）

船長は，次の場合には，厚生労働省令（検疫法施行規則）の定めるところにより，検疫信号を掲げなければならない。

1. 検疫を受けるため，船舶を検疫区域又は検疫所長の指示する場所に入れたときから，検疫済証又は仮検疫済証の交付を受けるまでの間。
2. 船舶が港内に停泊中に，第19条第1項・第2項（検疫感染症患者の発生等による仮検疫済証の失効）の規定により，仮検疫済証が失効したとき又は失効の通知を受けたときから，船舶を港外に退去させ，又は更に検疫済証若しくは仮検疫済証の交付を受けるまでの間。（第9条）

検疫信号は，「厚生労働省令の定めるところ」により，次のとおり掲げる。

（則第2条）

昼間	黄色の方旗（国際信号旗Q旗）	船舶の前しょう頭（前部マスト頭部）その他見やすい場所に掲げるものとする。
夜間	紅灯1個（上）及び白灯1個（下）を連掲	

§8-7 検疫を受けるときの書類の提出及び呈示（第11条）

（1） 検疫を受けるに当たっては，船長は，検疫所長に明告書（則第3条第1項）を提出しなければならない。（第1項）

（2） 検疫所長は，船長に対して，①乗組員名簿，②乗客名簿及び③積荷目録の提出，並びに④航海日誌及び⑤その他検疫のために必要な書類の呈示を求めることができる。（第2項）

§8-8 緊急避難（第23条）

（1） 検疫済証又は仮検疫済証の交付を受けていない船舶の長は，急迫した危難を避けるため，やむを得ず船舶を国内の港に入れた場合において，その急迫した危難が去ったときは，直ちに，船舶を検疫区域若しくは検疫所長の指示する場所に入れ，又は港外に退去させなければならない。

（第1項）

（2） 上記（1）の場合において，やむを得ない理由により当該船舶を検疫区域等に入れ又は港外に退去させることができないときは，船長は，最寄りの検疫所長（検疫所がないときは保健所長）に，検疫感染症患者の有無，発航地名，寄航地名その他厚生労働省令で定める事項（則第8条第1項）を通報しなければならない。（第2項）

（3） 上記（2）の通報を受けた検疫所長又は保健所長は，当該船舶について，

検査，消毒その他検疫感染症の予防上必要な措置をとることができる。（第３項）

（４）上記（２）の船舶については，緊急やむを得ない場合の許可（第５条ただし書第３号）は，保健所長もすることができる。（第４項）

（５）上記（２）の船舶であって，当該船舶を介して検疫感染症の病原体が国内に侵入するおそれがほとんどない旨の検疫所長又は保健所長の確認を受けたものについては，当該船舶がその場所にとどまっている限り，「交通等の制限」（第５条）の規定を適用しない。（第５項）

（６）上記（２）～（５）の規定は，国内の港以外の海岸において航行不能となった船舶について準用する。（第６項）

（７）検疫済証又は仮検疫済証の交付を受けていない船舶の船長は，急迫した危難を避けるため，やむを得ず当該船舶から上陸し，又は物を陸揚げした者があるときは，直ちに，最寄りの保健所長又は市町村長に，検疫感染症の患者の有無その他厚生労働省令で定める事項（則第８条第２項）を届け出なければならない。（第７項）

§8-9　ねずみ族の駆除（第25条）

検疫所長は，検疫を行うに当たり，当該船舶においてねずみ族の駆除が十分に行われていないと認めたときは，船長に対し，ねずみ族の駆除をすべき旨を命ずることができる。

ただし，船長が，ねずみ族の駆除に関する証明書（検疫所長又は外国のこれに相当する機関が６カ月以内に発行したものに限る。）を呈示したときは，この限りでない。

§8-10　立入権（第29条）

検疫所長及び検疫官は，検疫法の規定による職務を行うため必要があるときは，船舶又は一定の施設，建築物その他の場所に立ち入ることができる。

§8-11　検疫感染症以外の感染症についての検疫法の準用（第34条）

外国に検疫感染症以外の感染症（新感染症を除く。）が発生し，これについて検疫を行わなければ，その病原体が国内に侵入し，国民の生命及び健康に重大な影響を与えるおそれがあるときは，政令で，感染症の種類を指定し，１

年以内の期間を限り，当該感染症について，上記の規定等（詳しくは，条文参照）の全部又は一部を準用することができる。この場合において，停留の期間については，当該感染症の潜伏期間を考慮して，当該政令で特別の規定を設けることができる。

〔注〕 令和2年に発生した新型コロナウイルス感染症については，同年2月に検疫法施行令が改正され，この規定に基づき上記の感染症として指定された。

練 習 問 題

問 検疫感染症には，どんなものがあるか。4つあげよ。（四級，三級）

〔ヒント〕 エボラ出血熱，痘そう，ペスト，ラッサ熱 （§8-2）

問 外国を発航し又は外国に寄港して来航した船舶から，上陸すること又は物を陸揚げすることができるのは，原則としてその船長が，どのような書類の交付を受けた後か。（三級）

〔ヒント〕 検疫済証又は仮検疫済証（§8-4）

問 検疫を受けようとする船舶の船長は，どこに，どのような信号（検疫信号）を掲げなければならないか。（五級，四級）

〔ヒント〕 §8-6

問 検疫を受けるとき，船長は，検疫所長にどんな書類を提出しなければならないか。また，検疫所長の求めにより，どんな書類を提出し又は呈示しなければならないか。（五級，四級，三級）

〔ヒント〕 §8-7

問 検疫法についての次の記述の［　］内にあてはまる語句を記号とともに記せ。

検疫済証又は［(ア)］の交付を受けていない「外国から来航した船舶」の長は，［(イ)］を避けるため，やむを得ず当該船舶を国内の港に入れた場合において，その(イ)が去ったときは，直ちに，当該船舶を［(ウ)］若しくは検疫所長の指示する場所に入れ，又は［(エ)］させなければならない。（三級）

〔ヒント〕 (ア) 仮検疫済証 (イ) 急迫した危難 (ウ) 検疫区域 (エ) 港外に退去 （§8-8）

問 検疫法上，ねずみ族の駆除を命ぜられるのは，どんなときか。（三級）

〔ヒント〕 §8-9

第9編　水　先　法

水先法及び同法施行令

§9-1　水先法の目的（第1条）

水先法は，次のことを行うことにより，船舶交通の安全を図り，併せて船舶の運航能率の増進に資することを目的としている。

1. 水先をすることができる者の資格を定めること。
2. 水先人の養成及び確保のための措置を講ずること。
3. 水先業務の適正かつ円滑な遂行を確保すること。

この水先法は，40年ぶりの水先制度の大改革に伴い大きく改正され，平成19年4月から施行された。これは，近年の日本籍船減少による日本人船長の減少や，更なる船舶交通の安全確保への要請等，水先制度をめぐる環境の変化に対応するため，資格要件を緩和し等級別免許制を導入するほか，水先人の知識・技能の維持・向上や水先業務運営の効率化・適確化のための措置を講じたものである。

〔**注**〕 1. 「水先」とは，水先区において，船舶に乗り込み当該船舶を導くことをいう。
2. 「水先人」とは，一定の水先区について水先人の免許を受けた者をいう。（第2条）

§9-2　水先人の免許（第4条）

（1） 水先人になろうとする者は，国土交通大臣の免許を受けなければならない。（第1項）

（2） 水先人の免許は，水先区ごとに，かつ，次に掲げる資格別に与える。（第2項）

①　一級水先人　　②　二級水先人　　③　三級水先人

（3） 第2項に掲げる資格を有する者が水先業務を行うことのできる船舶は，

【試験細目】

三級	水先法及び同法施行令	口述のみ
四級，五級，六級，当直三級	なし	——

次の表のとおりである。

① 一級水先人	すべての船舶
② 二級水先人	総トン数5万トン以下の船舶（危険物積載船以外の船舶に限る。） 総トン数2万トン以下の危険物積載船 （令第1条第1項）
③ 三級水先人	総トン数2万トン以下の船舶（危険物積載船を除く。） （令第1条第2項）

§9-3 水先区（第33条）

水先区の名称及び区域は，政令（水先法施行令）で定める。

「政令」は，次のとおり定めている。（令第3条・別表第1）

現在，35の水先区がある。

施行令・別表第1（抄）（水先区）

水先区の名称	区 域
釧路水先区	釧路港の区域
苫小牧水先区	苫小牧港の区域
室蘭水先区	室蘭港の区域及び室蘭港南外防波堤灯台（北緯42度25分56秒東経140度54分58秒）を中心とする半径3,000メートルの円内の海面
函館水先区	北海道大鼻岬から葛登支岬まで引いた線及び陸岸により囲まれた海面
～	～
那覇水先区	那覇港の区域

（備考） この表における港の区域は，港則法施行令の定めるところによる。

§9-4 強制水先（第35条）

（1） 強制水先（第35条第1項）

次に掲げる船舶（海上保安庁の船舶その他国土交通省令（水先法施行規則第21条）で定める船舶（防衛省の船舶など一定の船舶）を除く。）の船長は，水先区のうち「政令で定める港又は水域」において，その船舶を運航するときは，水先人を乗り込ませなければならない。

① 日本船舶でない総トン数300トン以上の船舶

② 日本国の港と外国の港との間における航海に従事する総トン数300トン以上の日本船舶

③ 前号に掲げるもののほか，総トン数1,000トン以上の日本船舶

ただし，日本船舶又は日本船舶を所有することができる者が借入れ（期間傭船を除く。）をした日本船舶以外の船舶の船長であって，当該港又は当該水域において国土交通省令で定める一定回数以上航海に従事したと地方運輸局長（運輸監理部長を含む。以下同じ。）が認めるもの（地方運輸局長の認定後２年を経過しない者に限る。）が，その船舶を運航する場合は，この限りでない。（第35条第１項）

1. 強制水先区（第１項本文）

水先区のうち「政令で定める港又は水域」，すなわち船舶に水先人を乗り込ませなければならない，いわゆる強制水先区は，水先法施行令（令第４条・別表第２）により，次のとおり定められている。

現在，10の強制水先区がある。

施行令・別表第２（強制水先区）

港又は水域の名称	区　　域
横浜川崎区	（略）
横須賀区	（略）
東京湾区	千葉県明鐘岬から304度に引いた線及び陸岸により囲まれた海面（京浜港の区域に属する海面のうち横浜川崎区の項に掲げる区域に属するもの及び横須賀港の区域に属する海面のうち横須賀区の項に掲げる区域に属するものを除く。）
伊勢三河湾区	（略）
大阪湾区	（略）
備讃瀬戸区	（略）
来島区	（略）
関門区	（略）
佐世保区	（略）
那覇区	（略）

（**備考**）この表における港の区域は，港則法施行令の定めるところによる。

2. 航海実歴認定書を受けた船長の強制水先の免除（第１項ただし書き）

第１項ただし書き規定により，一定の船舶の船長であって，当該港又は水域において一定の回数以上航海に従事したと地方運輸局長（運輸監理部長を含む。）が認めるもの（航海実歴認定書（〔注〕参照）の受有者）が，その船舶を運航する場合は，水先人を乗り込ませなくてもよい。

〔注〕 航海実歴認定書

第35条第１項のただし書規定の「国土交通省令で定める一定回数以上」航海に従事した実歴とは，例えば，次の表（抄）のとおりで，申請前１年間に第４欄に掲げる回数以上当該港又は当該水域における航海に従事したことである。（則第22条）

また，この回数は，国土交通大臣が認めるシミュレータ講習（PEC講習）を受講した場合，その成績を考慮して，一定回数が減じられる。

港又は水域の名称	運航しようとする船舶	航海に従事した船舶	回数
東京湾区，伊勢三河湾区，大阪湾区，備讃瀬戸区及び来島区	総トン数２万トン未満の船舶（危険物積載船を除く。）	総トン数１万トン以上の船舶	24回
	総トン数２万トン以上の船舶（同上）	総トン数２万トン以上の船舶	

3. 任意水先制度と強制水先制度

① 任意水先制度

この制度は，水先区において水先人を求めるかどうかの判断を船長に任せたもので，水先人を求めた船舶自体の安全な運航を図り，あわせてその運航能率の増進に役立てようとする制度である。

② 強制水先制度

この制度は，強制水先区が，船舶交通のふくそうや自然的条件の複雑さなどにより一段と海難や危険の発生しやすいところであることから，任意水先制度と異なり，水先人を求めるかどうかを船長の判断に任せず，一定船舶に水先人を乗り込ませることを義務付けたもので，水先人を求めた船舶自体の安全運航だけでなく，その強制水先区全般の船舶交通の安全を図り，あわせて船舶の運航能率の増進に役立てようとするもので，公共の利益に主眼をおいた制度である。

（２） 強制水先の特例（第35条第２項）

前項（１）の政令で定める港又は水域のうち政令で定めるものについては，

同項各号に掲げる船舶の範囲内において，当該港又は当該水域における自然的条件，船舶交通の状況，水先業務の態勢その他の事情を考慮して，政令で，同項本文の水先人を乗り込ませなければならない船舶を別に定めることができる。この場合において，同項本文の規定は，当該港又は当該水域においては，当該政令で定める船舶以外の船舶については，適用しない。

（第35条第２項）

この特例により，強制水先が緩和される①港及び水域並びに②水先人を乗り込ませなければならない船舶は，次のとおりである。（令第５条）

強制水先の特例が適用される港及び水域	水先人を乗り込ませなければならない船舶
横浜川崎区	総トン数３千トン以上の船舶及び総トン数３千トン未満の危険物積載船（一定の基準に適合するものを除く）
東京湾区，伊勢三河湾区，大阪湾区，備讃瀬戸区及び来島区	総トン数１万トン以上の船舶（同上）
関門特例区域（関門区の区域のうち港則法施行規則別表第１の関門港若松区第１区～第４区の区域を除いた区域をいう。）	総トン数１万トン以上の船舶並びに関門区の区域を通過しない総トン数３千トン以上１万トン未満の船舶及び総トン数３千トン未満の危険物積載船（同上）

したがって，強制水先の特例として，例えば，東京湾区や大阪湾区は，総トン数１万トン以上の船舶に限って強制水先となる。

§9-5　緊急的･臨時的な強制水先の適用（第36条）

（１）　緊急的・臨時的に水先が強制される港又は水域及び期間

国土交通大臣は，水先区のうち工事若しくは作業の実施により又は船舶の沈没その他の船舶交通の障害の発生により船舶交通の危険が生じ，又は生ずるおそれがある港又は水域について，当該港又は水域における船舶交通の危険を防止するため特に必要があると認めるときは，告示により，水先人を乗り込ませなければならない船舶（海上保安庁の船舶及び国土交通省令（水先法施行規則第21条）で定める船舶（防衛省の船舶など一定の船舶）を除く。），港又は水域及び期間を定めることができる。

（２）　上記（１）の規定により告示された船舶の船長は，当該告示に係る港又は水域において，当該告示に係る期間内にその船舶を運航するときは，第4条（§9-2）の定めるところにより当該船舶について水先をすることができる水先人を乗り込ませなければならない。

§9-6　船長の責任（第41条）

（1）　水先をさせる義務（第1項）

船長は，水先人が船舶に赴いたときは，正当な事由がある場合のほか，水先人に水先をさせなければならない。（第1項）

この規定は，水先業務の遂行に保護を与えたものである。

「正当な事由がある場合」とは，水先の業務において，①怠慢であったとき，②技能が拙劣であったとき，③非行があったときなどで，その程度は，船舶交通の安全を図り，あわせて船舶の運航能率の増進に資することに沿わない程度である。

（2）　水先をさせている場合の船長の責任（第2項）

前項（1）の規定は，水先人に水先をさせている場合において，船舶の安全な運航を期するための船長の責任を解除し，又はその権限を侵すものと解釈してはならない。（第2項）

この規定は，水先人に水先をさせている場合でも，衝突その他海難が発生したときは，その責任は船長にあることを明示したものである。

水先人に過失がある場合，水先人の免許に関して水先法上又は海難審判法上の責任が問われる。

したがって，船舶の安全な運航を期するため必要がある場合は，船長自らが船舶を指揮しなければならない。

〔注〕　水先法上の「船長の義務及び権限」

その大要は，次のとおりである。

(1)　義務

1.　一定の船舶の船長は，強制水先区においては，水先人を乗り込ませなければならない。ただし，航海実歴認定書を交付されている場合は，この限りでない。（第35条）

2.　船長は，水先人でない者に水先をさせてはならない。（第38条）

3.　船長は，水先人が船舶に赴いたときは，正当な事由がある場合のほか，水先人に水先をさせなければならない。（第41条第1項）

前項の規定は，水先人に水先をさせている場合において，船舶の安全な

運航を期するための船長の責任を解除し，又はその権限を侵すものと解釈してはならない。（§9-6）（第41条第２項）

4. 船長は，水先人が安全に乗下船できるように，適当な方法を講じなければならない。（§9-7）（第43条）
5. 船長は，正当な事由がある場合のほか，水先人を水先区外に伴ってはならない。（第44条）
6. 船長は，水先人が法令の規定に違反するなど一定の事由（第59条）があることを知ったときは，遅滞なく，その旨を最寄りの地方運輸局等（地方運輸局，運輸監理部，運輸支局又は海事事務所）に届けなければならない。（第67条）

⑵ 権限

1. 水先人に水先をさせている場合でも，船舶の安全な運航を期するための船長の責任が解除され，又はその権限が侵されるものと解釈してはならないから，船長は安全運航のため自ら船舶を指揮する権限を行使しなければならない。（第41条第２項）
2. 船長は，水先人が水先修業生を２名以上帯同しようとするときは，それを承諾するかどうかの判断をすることができる。（第45条第２項）

§9-7　乗下船の安全措置（第43条）

船長は，水先人が安全に乗下船できるように，適当な方法を講じなければならない。

この安全措置について，船舶安全法関係法令に，次の規定がある。

1. 水先人用はしごの使用制限（船舶安全法施行規則第64条）（§6-29参照）
2. 水先人用はしご等（船舶設備規程第146条の39）（§6-29〔注〕参照）

練習問題

問 水先法における強制水先制度の目的を述べよ。 （三級）

〔**ヒント**〕 §9-4(1)3.

問 強制水先区の名称をあげよ。 （三級）

〔**ヒント**〕 横浜川崎区，横須賀区，東京湾区，伊勢三河湾区，大阪湾区，備讃瀬戸区，来島区，関門区，佐世保区，那覇区（10区） （§9-4）

問 強制水先区のうち東京湾区又は大阪湾区においては，どんな船舶が強制水先の対象となるか。 （三級）

〔**ヒント**〕 総トン数1万トン以上の船舶（航海実歴認定書の交付を受けている船長が運航する船舶を除く。） §9-4(2)

問 総トン数4,800トンの船舶は，横浜川崎区（強制水先区）に入ろうとする場合に，水先人を乗り込ませなければならないかどうかは，どんな法規のどこに定められているか。また，その条項を調べて水先人を乗り込ませなければならないか否かを述べよ。 （三級）

〔**ヒント**〕 (1) 水先法第35条（強制水先）
水先法施行令第4条（強制水先の港及び水域の名称及び区域）・別表第2
同施行令第5条（強制水先の特例） （§9-4）
(2) 水先人を乗り込ませなければならない。

問 強制水先区のうち，総トン数1万トン以上の船舶に限って水先人を乗り込ませなければならない水先区はどこか。 （三級）

〔**ヒント**〕 東京湾区，伊勢三河湾区，大阪湾区，備讃瀬戸区，来島区（§9-4(2)）

（備考）関門特例区域（§9-4(2)の表）は，総トン数1万トン以上の船舶のほか，総トン数3千トン以上1万トン未満の船舶及び総トン数3千トン未満の危険物積載船であって関門区の区域を通過しないものにも水先人を乗り込ませなければならないので除いた。

問 水先人に水先をさせている場合，船舶の運航についての船長の責任及び権限について，水先法にはどのように規定されているか。 （三級）

〔**ヒント**〕 水先人に水先をさせている場合において，船舶の安全な運航を期するための船長の責任を解除し，又はその権限を侵すものと解釈してはならない。（§9-6）

問 水先人の乗下船の安全措置について，水先法及び船舶安全法施行規則は，それぞれどのように規定しているか。 （三級）

〔**ヒント**〕 (1) §9-7 (2) §6-29

第10編　関　税　法

§10-1　関税法の趣旨（第1条）

関税法は，①関税の確定，納付，徴収及び還付並びに②貨物の輸出及び輸入についての税関手続の適正な処理を図るため必要な事項を定めたものである。

〔注〕 用語の定義（第2条）

1. 「外国貨物」とは，輸出の許可を受けた貨物及び外国から本邦に到着した貨物（外国の船舶により公海で採捕された水産物を含む。）で輸入が許可される前のものをいう。
2. 「内国貨物」とは，本邦にある貨物で外国貨物でないもの及び本邦の船舶により公海で採捕された水産物をいう。
3. 「外国貿易船」とは，外国貿易のため本邦と外国との間を往来する船舶をいう。
4. 「沿海通航船」とは，本邦と外国との間を往来する船舶以外の船舶をいう。
5. 「開港」とは，貨物の輸出及び輸入並びに外国貿易船の入港及び出港その他の事情を勘案して政令で定める港をいう。

   関税法施行令によれば，約120の開港がある。例えば，愛知県では，三河，衣浦及び名古屋の3港が開港に定められている。
6. 「不開港」とは，港，空港その他これらに代わり使用される場所で，開港及び税関空港以外のものをいう。

§10-2　入出港手続（第15条，第17条～第18条）

（1） 外国貿易船の入港手続（第15条）

1. 開港に入港しようとする外国貿易船の船長は，政令の定めにより，あらかじめ，船舶の名称及び国籍，積荷，旅客及び乗組員に関する事項を税関に報告しなければならない。（第1項）
2. 前項の報告をしないで開港に入港したときは，船長は，入港後直ちに，その報告すべき事項を記載した書面を税関に提出しなければならない。（第2項）

【試験細目】

三級	関税法	口述のみ
四級，五級，六級，当直三級	なし	——

3. 外国貿易船が開港に入港したときは，船長は，入港の時から24時間（休日に含まれる時間を除いて計算する。）以内に入港届及び船用品目録を税関に提出するとともに，船舶国籍証書又はこれに代わる書類を税関職員に提示しなければならない。 （第３項。第４項～第９項 略）

（２） 外国貿易船の出港手続（第17条）

1. 外国貿易船が開港を出港しようとするときは，船長は，税関に出港届を提出して税関長の許可を受けなければならない。 （第１項）

2. 船長は，出港しようとするときに，納付すべきとん税及び特別とん税の額があるときは，これらを納付していなければならない。 （第２項）

（３） 外国貿易船の入出港の簡易手続（第18条）

1. 外国貿易船が開港に入港する場合において，乗組員の携帯品，郵便物及び船用品以外の貨物の積卸しをしないで，入港の時から24時間以内に出港するときその他政令で定めるときは，第15条第３項～第５項（入港手続）の規定は適用しない。 （第１項）

2. 上記1. の場合における外国貿易船の船長は，政令で定める事項（船舶の名称，国籍，純トン数，旅客及び乗組員の数，仕出港並びに入港の日時）を記載した入港届を出港の時までに税関に提出しなければならない。

（第２項。第３項及び第４項 略）

§10-3 外国貿易船の貨物の積卸し（第16条）

（１） 積荷目録の提出前の積卸しの禁止（第１項）

外国貿易船に対する貨物の積卸しは，積荷に関する事項について報告をしない場合には，してはならない。

ただし，旅客及び乗組員の携帯品，郵便物並びに船用品については，この限りでない。

（２） 積卸しについての書類の提示（第２項）

船舶に外国貨物の積卸しをしようとする者は，政令で定めるところにより，積卸しについての書類を税関職員に提示しなければならない。

外国貿易船に内国貨物の積卸しをしようとする者も，また同様である。

§10-4　不開港への出入（第20条）

（１）　不開港への出入の制限（第１項）

外国貿易船の船長は，次に掲げる場合を除いて，同船を不開港へ出入させてはならない。

1.　税関長の許可を受けた場合
2.　検疫のみを目的として検疫区域に出入する場合
3.　遭難その他やむを得ない事故がある場合

（２）　事故による入港の場合の届出（第２項）

外国貿易船が上記3. の事故により不開港に入港した場合は，船長は，直ちにその事由を付してその旨を税関職員（税関職員がいないときは警察官）に届け出なければならない。

§10-5　船舶の資格の変更（第25条）

（１）　外国貿易船に変更

外国貿易船以外の船舶（沿海通航船）を外国貿易船として使用（外変）しようとするときは，船長は，あらかじめその旨を税関に届け出なければならない。

（２）　沿海通航船に変更

上記(１)とは逆に，外国貿易船を外国貿易船以外の船舶（沿海通航船）として使用（内変）しようとするときも，船長は，あらかじめその旨を税関に届け出なければならない。

§10-6　保税地域（第29条～第30条）

（１）　保税地域の種類（第29条）

保税地域は，次のとおり５種類がある。

①　指定保税地域　　②　保税蔵置場　　③　保税工場
④　保税展示場　　⑤　総合保税地域

保税地域は，輸入の税関手続きが済まないで関税の徴収が留保されている外国貨物を置いておく場所である。

（２）　外国貨物を置く場所の制限（第30条）

⑴　外国貨物は，保税地域以外の場所に置くことができない。

ただし，難破貨物など一定のものについては，この限りでない。

（第１項）

(2) 前項(1)の規定にかかわらず，輸入してはならない貨物（第69条の11第１項第１号～第４号，第５号の２，第６号及び第８号から第10号までの貨物：麻薬，拳銃等）（輸入の目的以外の目的で本邦に到着したものに限り，同項第９号に掲げる貨物にあっては，回路配置利用権のみを侵害するものを除く。）は，保税地域に置くことができない。（第２項）

練 習 問 題

問 関税法の趣旨を述べよ。（三級）

〔**ヒント**〕 §10-1

問 関税法の定める「外国貿易船」及び「開港」の用語の定義を述べよ。（三級）

〔**ヒント**〕 §10-1〔注〕3. 及び5.

問 外国貿易船が，開港へ入出港する場合の関税法上の手続きについて述べよ。（三級）

〔**ヒント**〕 §10-2

問 関税法上，外国貿易船において貨物の積卸しをするに当たっては，あらかじめ，どんな書類を税関長に提出していなければならないか。（三級）

〔**ヒント**〕 積荷目録 （§10-3(1)）

問 外国貿易船は，どんな場合に不開港への出入が許されるか。（三級）

〔**ヒント**〕 §10-4

問 関税法上，船舶の資格を変更しようとするときは，どんな手続きをとらなければならないか。（三級）

〔**ヒント**〕 §10-5

問 関税法上，外国貨物を置く場所は制限されているが，どんな場所に置かなければならないか。（三級）

〔**ヒント**〕 保税地域 （§10-6(2)）

第11編　海　商　法

商法第3編海商

§11-1　海商法の趣旨

海商法は商法第3編として，国際性を有する海運活動について定めた法律で，船舶の所有・賃貸借，海上物品運送，船舶の衝突，海難救助，共同海損，海上保険及び船舶先取特権等について規定している。欧州では，海洋を舞台に貿易が盛んになった中世に，海商に関する法典が整備されており，わが国の海商法はドイツ法を模範にして明治32年（1899年）に制定された。その後，実質的な見直しがほとんどなされていなかったが，国際条約等の世界的な動向その他の社会・経済情勢の変化に対応し，平成30年に大きく改正された。

§11-2　適用船舶（第684条）

商法第3編海商は，商行為をする目的で航海の用に供する船舶（端舟，ろかい舟等を除く。）に適用される。よって，商行為を目的としない官庁船には適用されない。

§11-3　定期傭船（第704条～第707条）

（1）　定期傭船契約（第704条）

定期傭船契約は，当事者の一方が艤装した船舶に船員を乗り組ませて当該船舶を一定の期間相手方の利用に供することを約し，相手方がこれに対してその傭船料を支払うことを約することによって，その効力を生ずる。

（2）　定期傭船者による指示（第705条）

定期傭船者は，船長に対し，航路の決定その他の船舶の利用に関し必要な事項を指示することができる。ただし，発航前の検査その他の航海の安全に関する事項については，この限りでない。

（3）　費用の負担（第706条）

船舶の燃料，水先料，入港料その他船舶の利用に関する通常の費用は，定期傭船者の負担とする。

（4） 運送に関する規定の準用（第707条）

§11-6（3）及び（4）の規定は，定期傭船契約に係る船舶により物品を運送する場合について準用する。

§11-4 船長の権限（第708条，第712条）

（1） 代理権（第708条第1項）

船長は，船籍港外においては，次に掲げる行為を除き，船舶所有者に代わって航海のために必要な一切の裁判上又は裁判外の行為をする権限を有する。

1. 船舶について抵当権を設定すること。
2. 借財をすること。

（2） 航海継続のための積荷の使用（第712条第1項）

船長は，航海を継続するため必要があるときは，積荷を航海の用に供することができる。

〔**注**〕 上記以外にも，個品運送契約における発航権（第737条第2項），航海傭船契約における発航権（第751条），海難救助において，積荷等の所有者に代わってその救助に係る契約を締結する権限（第792条第2項），救助料の支払等に係る権限（第803条）を有する。

§11-5 船長の義務（第709条～第711条，第713条，第714条）

（1） 職務代行者の選任についての責任（第709条）

船長は，やむを得ない事由により自ら船舶を指揮することができない場合には，法令に別段の定めがある場合を除き，自己に代わって船長の職務を行うべき者を選任することができる。この場合において，船長は，船舶所有者に対してその選任についての責任を負う。

（2） 属具目録の備置き義務（第710条）

船長は，属具目録を船内に備え置かなければならない。

〔**注**〕「属具」とは，船舶の一部を構成するものではないが，船舶の運航に必要な用具（例えば，コンパス，錨，端艇など。）として船舶に付属しているものをいい，その総目録が属具目録である。同目録の書式は，省令で定められている。

（3） 積荷の処分義務（第711条）

船長は，航海中に積荷の利害関係人の利益のため必要があるときは，利害関係人に代わり，最もその利益に適合する方法によって，その積荷の処分をしなければならない。

（4）　海員に対する監督義務（第713条）

船長は，海員がその職務を行うについて故意又は過失によって他人に加えた損害を賠償する責任を負う。ただし，船長が海員の監督について注意を怠らなかったことを証明したときは，この限りでない。

（5）　航海に関する重要事項の報告義務（第714条）

船長は，遅滞なく，航海に関する重要な事項を船舶所有者に報告しなければならない。

〔注〕 上記以外にも，航海傭船契約における通知義務（第748条第1項，第749条第1項，第752条），船荷証券の交付及び署名義務（第757条第1項，第758条第1項），複合運送証券の交付及び署名義務（第769条），海上運送状の交付義務（第770条第1項）がある。

§11-6　個品運送（第737条〜第740条）

（1）　運送品の船積み等（第737条）

1.　運送人は，個品運送契約（個々の運送品を目的とする運送契約）に基づいて荷送人から運送品を受け取ったときは，その船積み及び積付けをしなければならない。（第1項）

2.　荷送人が運送品の引渡しを怠ったときは，船長は，直ちに発航することができる。この場合において，荷送人は，運送賃の全額（運送人がその運送品に代わる他の運送品について運送賃を得た場合は，当該運送賃の額を控除した額）を支払わなければならない。（第2項）

（2）　船長に対する必要書類の交付（第738条）

荷送人は，船積期間内に，運送に必要な書類を船長に交付しなければならない。

（3）　航海に堪える能力に関する注意義務（第739条第1項）

運送人は，発航の当時次に掲げる事項を欠いたことにより生じた運送品の滅失，損傷又は延着について，損害賠償の責任を負う。ただし，運送人がその当時当該事項について注意を怠らなかったことを証明したときは，この限りでない。

①　船舶を航海に堪える状態に置くこと。

②　船員の乗組み，船舶の艤装及び需品の補給を適切に行うこと。

③ 船倉，冷蔵室その他運送品を積み込む場所を運送品の受入れ，運送及び保存に適する状態に置くこと。

（4） 違法な船積品の陸揚げ等（第740条第1項）

法令に違反して又は個品運送契約によらないで船積みがされた運送品については，運送人は，いつでも，これを陸揚げすることができ，船舶又は積荷に危害を及ぼすおそれがあるときは，これを放棄することができる。

§11-7 航海傭船（第748条～第752条，第756条）

（1） 運送品の船積み（第748条）

1. 航海傭船契約（船舶の全部又は一部を目的とする運送契約）に基づいて運送品の船積みのために必要な準備を完了したときは，船長は，遅滞なく，傭船者に対してその旨の通知を発しなければならない。（第1項）
2. 船積期間の定めがある航海傭船契約において始期を定めなかったときは，その期間は，上記1. の通知があった時から起算する。この場合において，不可抗力によって船積みをすることができない期間は，船積期間に算入しない。（第2項）
3. 傭船者が船積期間の経過後に運送品の船積みをした場合には，運送人は，特約がないときであっても，相当な滞船料を請求することができる。（第3項）

（2） 第三者による船積み（第749条）

船長は，第三者から運送品を受け取るべき場合において，その第三者を確知することができないとき，又はその第三者が運送品の船積みをしないときは，直ちに傭船者に対してその旨の通知を発しなければならない。（第1項）

（3） 傭船者による発航の請求（第750条第1項）

傭船者は，運送品の全部の船積みをしていないときであっても，船長に対し，発航の請求をすることができる。（第1項）

（4） 船長の発航権（第751条前段）

船長は，船積期間が経過した後は，傭船者が運送品の全部の船積みをしていないときであっても，直ちに発航することができる。（第751条前段）

（5） 運送品の陸揚げ（第752条）

1. 運送品の陸揚げのために必要な準備を完了したときは，船長は，遅滞

なく，荷受人に対してその旨の通知を発しなければならない。（第１項）

2.　陸揚期間の定めがある航海傭船契約において始期を定めなかったときは，その期間は，上記1.の通知があった時から起算する。この場合において，不可抗力によって陸揚げをすることができない期間は，陸揚期間に算入しない。（第２項）

3.　荷受人が陸揚期間の経過後に運送品の陸揚げをした場合には，運送人は，特約がないときであっても，相当な滞船料を請求することができる。（第３項）

（６）　個品運送契約に関する規定の準用等（第756条）

§11-6の（２）～（４）は，航海傭船契約について準用する。

〔注〕「滞船料」（Demurrage）とは，契約で取り決められた停泊期間のうちに荷役が完了せず，その期間を超過した場合に，超過日数に対して運送人に支払われる補償金である。これとは逆に約定の停泊期間満了前に荷役が終了した場合には，その短縮期間に対して傭船者に支払われる一種の割戻金が「早出料」（Despatch Money）である。

§11-8　船荷証券等（第757条，第758条，第761条，第764条～第767条，第769条）

（１）　船荷証券の交付義務（第757条）

1.　運送人又は船長は，荷送人又は傭船者の請求により，運送品の船積み後遅滞なく，船積みがあった旨を記載した船荷証券（船積船荷証券）の１通又は数通を交付しなければならない。運送品の船積み前においても，その受取後は，荷送人又は傭船者の請求により，受取があった旨を記載した船荷証券（受取船荷証券）の１通又は数通を交付しなければならない。（第１項）

2.　受取船荷証券が交付された場合には，受取船荷証券の全部と引換えでなければ，船積船荷証券の交付を請求することができない。（第２項）

3.　上記1.及び2.の規定は，運送品について現に海上運送状が交付されているときは，適用しない。（第３項）

〔注〕「船荷証券」（B/L，Bill of Lading）は，荷送人又は傭船者が運送品を運送してもらうため運送人に引き渡した場合に交付される書類で，運送品の受取りを証明し，目的港においてその所持人に対して運送品を引き渡すことを約する有価証券である。「船積船荷証券」は船積み後に交付されるが，「受取船荷証券」はコンテナターミナルでコンテナが引き渡されたとき等，船積みを待つことなく交付される。又，陸上運送と海上運送とを一貫して１つの契約として引き受け

た場合は，「複合運送証券」が交付される。

（2） 船荷証券の記載事項（第758条）

1. 船荷証券には，規定事項を記載し，運送人又は船長がこれに署名し，又は記名押印しなければならない。 （第1項）

2. 受取船荷証券と引換えに船積船荷証券の交付の請求があったときは，その受取船荷証券に船積みがあった旨を記載し，かつ，署名し，又は記名押印して，船積船荷証券の作成に代えることができる。 （第2項）

（3） 運送品に関する処分（第761条）

船荷証券が作成されたときは，運送品に関する処分は，船荷証券によってしなければならない。

（4） 運送品の引渡請求（第764条）

船荷証券が作成されたときは，これと引換えでなければ，運送品の引渡しを請求することができない。

（5） 数通の船荷証券が作成された場合の運送品の引渡し（第765条～第767条）

1. 陸揚港においては，運送人は，数通の船荷証券のうち1通の所持人が運送品の引渡しを請求したときであっても，その引渡しを拒むことができない。 （第765条第1項）

陸揚港外においては，運送人は，船荷証券の全部の返還を受けなければ，運送品の引渡しをすることができない。 （第765条第2項）

2. 2人以上の船荷証券の所持人がある場合において，その1人が他の所持人より先に運送人から運送品の引渡しを受けたときは，当該他の所持人の船荷証券は，その効力を失う。 （第766条）

3. 2人以上の船荷証券の所持人が運送品の引渡しを請求したときは，運送人は，その運送品を供託することができる。運送人が上記1.の規定（第765条第1項）により運送品の一部を引き渡した後に他の所持人が運送品の引渡しを請求したときにおけるその運送品の残部についても，同様とする。 （第767条第1項）

運送人は，前項の規定により運送品を供託したときは，遅滞なく，請求をした各所持人に対してその旨の通知を発しなければならない。 （第767条第2項）

第1項に規定する場合においては，最も先に発送され，又は引き渡

された船荷証券の所持人が他の所持人に優先する。　（第767条第３項）

（６）複合運送証券（第769条）

1. 運送人又は船長は，陸上運送及び海上運送を１の契約で引き受けたときは，荷送人の請求により，運送品の船積み後遅滞なく，船積みがあった旨を記載した複合運送証券の１通又は数通を交付しなければならない。運送品の船積み前においても，その受取後は，荷送人の請求により，受取があった旨を記載した複合運送証券の１通又は数通を交付しなければならない。　（第１項）
2. 第757条第２項及び第758条から前条までの規定は，複合運送証券について準用する。　（第２項）

§11-9　海上運送状（第770条）

（１）運送人又は船長は，荷送人又は傭船者の請求により，運送品の船積み後遅滞なく，船積みがあった旨を記載した海上運送状を交付しなければならない。運送品の船積み前においても，その受取後は，荷送人又は傭船者の請求により，受取があった旨を記載した海上運送状を交付しなければならない。　（第１項）

（２）海上運送状には，船荷証券と同様の規定事項を記載しなければならない。　（第２項）

（３）運送人又は船長は，海上運送状の交付に代えて，法務省令で定めるところにより，荷送人又は傭船者の承諾を得て，海上運送状に記載すべき事項を電磁的方法により提供することができる。この場合において，当該運送人又は船長は，海上運送状を交付したものとみなす。　（第３項）

（４）上記（１）～（３）の規定は，運送品について現に船荷証券が交付されているときは，適用しない。　（第４項）

〔**注**〕「海上運送状」(Sea Waybill) は，船荷証券と同様に，運送人が運送品の受取りを証明し，目的港においてその所持人に対して運送品を引き渡すことを約する書類であるが，船荷証券とは異なり有価証券ではない。現代では船舶が高速化し，目的港に到着しても荷受人に船荷証券が届いていないため運送品の受け取りができない事態が発生していた。その場合でも運送品の受け取りを可能とするため，貿易実務において利用実績のある海上運送状の規定が設けられた。

§11-10 船舶の衝突（第788条，第790条）

（1） 船舶と他の船舶との衝突に係る事故が生じた場合において，衝突したいずれの船舶についてもその船舶所有者又は船員に過失があったときは，裁判所は，これらの過失の軽重を考慮して，各船舶所有者について，その衝突による損害賠償の責任及びその額を定める。この場合において，過失の軽重を定めることができないときは，損害賠償の責任及びその額は，各船舶所有者が等しい割合で負担する。（第788条）

（2） 上記（1）の規定は，船舶がその航行若しくは船舶の取扱いに関する行為又は船舶に関する法令に違反する行為により他の船舶に著しく接近し，当該他の船舶又は当該他の船舶内にある人若しくは物に損害を加えた事故について準用する。（第790条）

§11-11 海難救助（第792条～第799条，第801条，第803条，第805条）

（1） 救助料の支払の請求等（第792条）

1. 船舶又は積荷等（積荷その他の船舶内にある物）の全部又は一部が海難に遭遇した場合において，救助者は，契約に基づかないで救助したときであっても，その結果に対して救助料の支払を請求することができる。（第1項）
2. 船舶所有者及び船長は，積荷等の所有者に代わってその救助に係る契約を締結する権限を有する。（第2項）

（2） 救助料の額（第793条）

救助料につき特約がない場合において，その額につき争いがあるときは，裁判所は，危険の程度，救助の結果，救助のために要した労力及び費用（海洋の汚染の防止又は軽減のためのものを含む。）その他一切の事情を考慮して，これを定める。

（3） 救助料の増減の請求（第794条）

海難に際し契約で救助料を定めた場合において，その額が著しく不相当であるときは，当事者は，その増減を請求することができる。この場合においては，上記（2）の規定を準用する。

（4） 救助料の上限額（第795条）

救助料の額は，特約がないときは，救助された物の価額（救助された積荷の運送賃の額を含む。）の合計額を超えることができない。

（5）　共同で救助した場合の救助料の割合（第796条）

1.　数人が共同して救助した場合において，各救助者に支払うべき救助料の割合については，上記(2)の規定を準用する。（第1項）

2.　上記(1)の1.に規定する場合において，人命の救助に従事した者があるときは，その者も，前項の規定に従って救助料の支払を受けることができる。（第2項）

（6）　救助に従事した船舶に係る救助料（第797条）

1.　救助に従事した船舶に係る救助料については，その3分の2を船舶所有者に支払い，その3分の1を船員に支払わなければならない。（第1項）

2.　1.の規定に反する特約で船員に不利なものは，無効とする。（第2項）

3.　上記1.及び2.の規定にかかわらず，救助料の割合が著しく不相当であるときは，船舶所有者又は船員の一方は，他の一方に対し，その増減を請求することができる。この場合においては，上記(2)の規定を準用する。（第3項）

4.　各船員に支払うべき救助料の割合は，救助に従事した船舶の船舶所有者が決定する。この場合においては，上記(5)の規定を準用する。（第4項）

5.　救助者が救助することを業とする者であるときは，上記各項の規定にかかわらず，救助料の全額をその救助者に支払わなければならない。（第5項）

（7）　救助料の割合の案（第798条，第799条）

1.　船舶所有者が上記(6)の4.の規定により救助料の割合を決定するには，航海を終了するまでにその案を作成し，これを船員に示さなければならない。（第798条）

2.　船員は，1.の案に対し，異議の申立てをすることができる。この場合において，当該異議の申立ては，その案が示された後，当該異議の申立てをすることができる最初の港の管海官庁にしなければならない。（第799条第1項）

（8）　救助料を請求することができない場合（第801条）

次の場合には，救助者は，救助料を請求することができない。

① 故意に海難を発生させたとき。

② 正当な事由により救助を拒まれたにもかかわらず，救助したとき。

（9） 救助料の支払等に係る権限（第803条）

1. 救助された船舶の船長は，救助料の債務者に代わってその支払に関する一切の裁判上又は裁判外の行為をする権限を有する。 （第1項）

2. 救助された船舶の船長は，救助料に関し，救助料の債務者のために，原告又は被告となることができる。 （第2項）

3. 1.及び2.の規定は，救助に従事した船舶の船長について準用する。この場合において，規定中「債務者」とあるのは，「債権者（当該船舶の船舶所有者及び海員に限る。）」と読み替える。 （第3項）

（10） 特別補償料（第805条）

1. 海難に遭遇した船舶から排出された油その他の物により海洋が汚染され，当該汚染が広範囲の沿岸海域において海洋環境の保全に著しい障害を及ぼし，若しくは人の健康を害し，又はこれらの障害を及ぼすおそれがある場合において，当該船舶の救助に従事した者が当該障害の防止又は軽減のための措置をとったときは，その者（汚染対処船舶救助従事者）は，特約があるときを除き，船舶所有者に対し，特別補償料の支払を請求することができる。 （第1項）

2. 特別補償料の額は，1.に規定する措置として必要又は有益であった費用に相当する額とする。 （第2項）

〔**注**〕 海難救助は，気象・海象の影響を大きく受け，救助活動が必ずしも成功するとは限らない。このような特殊性を考慮し，成功した場合には報酬を支払うものの，不成功の場合は救助者が支出した費用についても支払わない「不成功無報酬」（No cure No pay）の契約が一般的に用いられる。しかし，海洋環境の保全のために取られた措置については例外で，海難救助の成否にかかわらず特別補償料の支払を請求できる。

§11-12 共同海損（第808条～第811条）

（1） 共同海損の成立（第808条第1項）

船舶及び積荷等に対する共同の危険を避けるために船舶又は積荷等について処分がされたときは，当該処分（共同危険回避処分）によって生じた損害及び費用は，共同海損とする。

〔**注**〕 共同海損に該当するのは，例えば，海上が大時化となり，船体が大きく傾斜

した場合，転覆という共同の危険を避けるため，一定の積荷を投棄することにより生ずる損害及び費用である。この損害に対しては，転覆を免れた船舶の船舶所有者や他の積荷の荷主も，投棄された積荷に関する損害を分担しなければならない。

（2）　共同海損となる損害又は費用（第809条）

1.　共同海損となる損害の額は，次の(1)～(4)の区分に応じて定められた額によって算定する。ただし，(2)及び(4)の額については，積荷の滅失又は損傷のために支払うことを要しなくなった一切の費用の額を控除する。（第1項）

(1)　船舶：到達の地及び時における当該船舶の価格

(2)　積荷：陸揚げの地及び時における当該積荷の価格

(3)　積荷以外の船舶内にある物：到達の地及び時における当該物の価格

(4)　運送賃：陸揚げの地及び時において請求することができる運送賃の額

2.　船荷証券その他積荷の価格を評定するに足りる書類（価格評定書類）に積荷の実価より低い価額を記載したときは，その積荷に加えた損害の額は，当該価格評定書類に記載された価額によって定める。積荷の価格に影響を及ぼす事項につき価格評定書類に虚偽の記載をした場合において，当該記載によることとすれば積荷の実価より低い価格が評定されることとなるときも，同様とする。（第2項）

3.　次に掲げる損害又は費用は，利害関係人が分担することを要しない。（第3項）

(1)　次に掲げる物に加えた損害。ただし，ハに掲げる物にあっては第577条第2項第1号に掲げる場合を，ニに掲げる物にあっては甲板積みをする商慣習がある場合を除く。

イ　船舶所有者に無断で船積みがされた積荷

ロ　船積みに際して故意に虚偽の申告がされた積荷

ハ　高価品である積荷であって，荷送人又は傭船者が運送を委託するに当たりその種類及び価額を通知していないもの

ニ　甲板上の積荷

ホ　属具目録に記載がない属具

(2)　特別補償料

（3） 共同海損の分担額（第810条第1項）

共同海損は，次の(1)～(4)に掲げる者（船員及び旅客を除く。）が，それぞれに対し定められた額の割合に応じて分担する。

(1) 船舶の利害関係人：到達の地及び時における当該船舶の価格

(2) 積荷の利害関係人：次のイに掲げる額から次のロに掲げる額を控除した額

イ 陸揚げの地及び時における当該積荷の価格

ロ 共同危険回避処分の時においてイに規定する積荷の全部が滅失したとした場合に当該積荷の利害関係人が支払うことを要しないこととなる運送賃その他の費用の額

(3) 積荷以外の船舶内にある物（船舶に備え付けた武器を除く。）の利害関係人：到達の地及び時における当該物の価格

(4) 運送人：次のイに掲げる額から次のロに掲げる額を控除した額

イ (2)のロに規定する運送賃のうち，陸揚げの地及び時において現に存する債権の額

ロ 船員の給料その他の航海に必要な費用（共同海損となる費用を除く。）のうち，共同危険回避処分の時に船舶及び(2)のイに規定する積荷の全部が滅失したとした場合に運送人が支払うことを要しないこととなる額

（4） 共同海損を分担すべき者の責任（第811条）

上記(3)の規定により共同海損を分担すべき者は，船舶の到達（(2)又は(4)に掲げる者にあっては，積荷の陸揚げ）の時に現存する価額の限度においてのみ，その責任を負う。

練　習　問　題

問 海商法は官庁船に適用されるか。（三級）

〔ヒント〕　§11-2

問 商法上の船長の権限を述べよ。（三級）

〔ヒント〕　§11-4

問 商法上の船長の義務のうち，海員監督の義務について述べよ。（三級）

〔ヒント〕　§11-5(4)

問 運送人が，運送品の滅失，損傷又は延着について損害賠償の責任を負うのは，発航の当時どのようなことに注意を怠った場合か。（三級）

〔ヒント〕　§11-6(3)

問 運送人は，法令違反等の運送品については，どんな処分をすることができるか。（三級）

〔ヒント〕　§11-6(4)

問 傭船者は，船積み期間を経過して運送品の船積みをした場合は，どんな不利益を受けるか。（三級）

〔ヒント〕　§11-7(1)

問 船荷証券とはどんなものか。（三級）

〔ヒント〕　§11-8〔注〕

問 海上運送状とはどんなものか。（三級）

〔ヒント〕　§11-9〔注〕

問 船舶の衝突において，衝突したいずれの船舶の船員にも過失があった場合，損害賠償の額はどのように負担されるか。（三級）

〔ヒント〕　§11-10(1)

問 海難救助において，救助者が救助料を請求することができないのはどのような場合か。（三級）

〔ヒント〕　§11-11(8)

問 海難救助が不成功であっても請求できる費用は何か。（三級）

〔ヒント〕　§11-11(10)

問 共同海損とはどういうことか。（三級）

〔ヒント〕　§11-12(1)

国際海上物品運送法

§11-31 適用範囲（第１条）

国際海上物品運送法（第16条の規定を除く。）は，船舶による物品運送で，船積み港又は陸揚げ港が本邦外にあるものに，また，同条（第16条）の規定は，運送人及びその被用者の不法行為による損害賠償の責任に適用される。

この法律は，船荷証券の統一のための国際条約に準拠して制定され，その後関係条約の改正に伴い改正されてきたものである。

§11-32 運送品に関する注意義務（第３条～第４条）

（１） 運送人は，自己又はその使用する者が運送品の受取，船積，積付，運送，保管，荷揚及び引渡について注意を怠ったことにより生じた運送品の滅失，損傷又は延着について，損害賠償の責を負う。（第３条第１項）

（２） 運送人は，上記（１）の注意が尽されたことを証明しなければ，その責を免かれることができない。（第４条第１項）

§11-33 航海に堪える能力等に関する注意義務（第５条）

運送人は，発航の当時次に掲げる事項を欠いたことにより生じた運送品の滅失，損傷又は延着について，損害賠償の責任を負う。ただし，運送人が自己及びその使用する者がその当時当該事項について注意を怠らなかったことを証明したときは，この限りでない。

1. 船舶を航海に堪える状態に置くこと。
2. 船員の乗組み，船舶の艤（ぎ）装及び需品の補給を適切に行うこと。
3. 船倉，冷蔵室その他運送品を積み込む場所を運送品の受入れ，運送及び保存に適する状態に置くこと。

§11-34 危険物の処分（第６条）

（１） 引火性，爆発性その他の危険性を有する運送品で，船積みの際，運送人，

★ 国際海上物品運送法は，第11編の試験細目に示すとおり，三級以下では三級のみに口述が課せられる。

船長及び運送人の代理人がその性質を知らなかったものは，いつでも，陸揚げし，破壊し，又は無害にすることができる。　（第１項）

（２）　引火性，爆発性その他の危険性を有する運送品で，船積みの際，運送人，船長又は運送人の代理人がその性質を知っていたものは，船舶又は積荷に危害を及ぼすおそれが生じたときは，陸揚げし，破壊し，又は無害にすることができる。　（第３項）

§11-35　荷受人等の通知義務（第７条）

荷受人又は船荷証券所持人は，運送品の一部滅失又は損傷があったときは，受取の際運送人に対し，その滅失又は損傷の概況を書面で通知しなければならない。

ただし，その滅失又は損傷が直ちに発見することができないものであるときは，受取の日から３日以内にその通知をすれば足りる。　（第１項）

§11-36　責任の限度（第９条）

（１）　運送品に関する運送人の責任は，次に掲げる金額のうちいずれか多い金額を限度とする。　（第１項）

1.　滅失，損傷又は延着に係る運送品の包又は単位の数に１計算単位*の666.67倍の金額

　*　１計算単位とは，国際通貨基金協定第３条第１項に規定する特別引出権（SDR）による１特別引出権に相当する金額をいう。（第２条）
　１SDRの金額は，令和２年３月26日現在，日本円で150.707000円である。

2.　上記1.の運送品の総重量について１キログラムにつき１計算単位の２倍を乗じて得た金額

（２）　上記（１）の各号の１計算単位は，運送人が運送品に関する損害を賠償する日において公表されている最終のものとする。　（第２項）

（３）　上記の各規定は，運送品の種類及び価額が，運送の委託の際荷送人により通告され，かつ，船荷証券が交付されるときは，船荷証券に記載されている場合には，適用しない。　（第５項）

練 習 問 題

問 運送人は，運送品に関してどのような注意義務を負うか。 (三級)

〔ヒント〕 §11-32

問 船長は，運送品の損傷等を防止するため，船舶を航海に堪える状態にしておくことのほか，どんな事項に注意を払わなければならないか。 (三級)

〔ヒント〕 §11-33

問 船長は，危険性を有する運送品について，どんな場合にこれを処分することができるか。 (三級)

〔ヒント〕 §11-34

問 運送品に関する運送人の責任の限度について答えよ。 (三級)

〔ヒント〕 §11-36

船舶の所有者等の責任の制限に関する法律

§11-41 趣 旨（第1条）

船舶の所有者等の責任の制限に関する法律は，船舶の所有者等の責任の制限に関し必要な事項を定めたものである。（第 1 条）

この法律は，1996年の船主責任制限条約（96LLMC）に準拠して，船舶の所有者等の航海に関して生じた人の損害及び物の損害についての責任の制限を定めることにより，海運産業を保護するとともに，その適正な発展を図ろうとしているものである。

〔注〕 **用語の定義**（抄）（第 2 条）

1. 「船舶所有者等」とは，船舶所有者，船舶賃借人及び傭船者並びに法人であるこれらの者の無限責任社員をいう。
2. 「救助者」とは，救助活動に直接関連する役務を提供する者をいう。
3. 「被用者等」とは，船舶所有者等又は救助者の被用者その他の者で，その者の行為につき船舶所有者等又は救助者が責めに任ずべきものをいう。
4. 「救助船舶」とは，救助活動（船舶に対する，又は船舶に関連する救助活動でその船舶上でのみ行うものを除く。）を船舶から行う場合の当該船舶をいう。
5. 「制限債権」とは，船舶所有者等若しくは救助者又は被用者等が，本法によりその責任を制限することができる債権をいう。
6. 「人の損害に関する債権」とは，制限債権のうち人の生命又は身体が害されることによる損害に基づく債権をいう。
7. 「物の損害に関する債権」とは，制限債権のうち人の損害に関する債権以外の債権をいう。
8. 「 1 単位」とは，国際通貨基金協定第 3 条第 1 項に規定する特別引出権（SDR）による 1 特別引出権に相当する金額をいう。（日本円では，§11-37（1）1. に示す金額である。）

§11-42 船舶の所有者等の責任の制限（第3条，第8条）

（1） 責任を制限できる場合（第 3 条第 1 項）

船舶所有者等又はその被用者等は，次に掲げる債権について，本法の定

★ 船舶の所有者等の責任の制限に関する法律（手続規定を除く。）は，第11編の試験細目に示すとおり，三級以下では三級のみに口述が課せられる

めるところにより，その責任を制限することができる。

1. 船舶上で又は船舶の運航に直接関連して生ずる人の生命若しくは身体が害されることによる損害又は当該船舶以外の物の滅失若しくは損傷による損害に基づく債権
2. 運送品，旅客又は手荷物の運送の遅延による損害に基づく債権
3. 上記1. 及び2. のほか，船舶の運航に直接関連して生ずる権利侵害による損害に基づく債権（船舶の滅失又は損傷による損害に基づく債権及び契約による債務の不履行による損害に基づく債権を除く。）
4. （略）
5. （略）

（2） 責任を制限できない場合（第 3 項）

船舶所有者等若しくは救助者又は被用者等は，前二項（第 1 項及び第 2 項（略））の債権が，自己の故意により，又は損害の発生のおそれがあることを認識しながらした自己の無謀な行為によって生じた損害に関するものであるときは，前二項の規定にかかわらず，その責任を制限することができない。 （第 3 条第 3 項。第 4 項 略）

次に掲げる債権については，船舶所有者等及び救助者は，その責任を制限することができない。（第 4 条）

1. 海難の救助又は共同海損の分担に基づく債権
2. 船舶所有者等の被用者でその職務が船舶の業務に関するもの又は救助者の被用者でその職務が救助活動に関するものの使用者に対して有する債権及びこれらの者の生命又は身体が害されることによって生じた第三者の有する債権

§11-43 責任の制限の及ぶ範囲（第 6 条）

（1） 船舶所有者等又はその被用者等がする責任の制限は，船舶ごとに，同一の事故から生じたこれらの者に対するすべての人の損害に関する債権及び物の損害に関する債権に及ぶ。 （第 1 項）

（2） 救助船舶に係る救助者若しくは当該救助船舶の船舶所有者等又はこれらの被用者等がする責任の制限は，救助船舶ごとに，同一の事故から生じたこれらの者に対するすべての人の損害に関する債権及び物の損害に関する債権に及ぶ。 （第 2 項。第 3 項 略）

（3） 前三項（第1項(1)，第2項(2)又は第3項（略））の責任の制限が物の損害に関する債権のみについてするものであるときは，その責任の制限は，前三項の規定にかかわらず，人の損害に関する債権に及ばない。（第4項）

§11-44　責任の限度額等（第7条）

第6条第1項又は第2項に規定する責任の制限の場合における責任の限度額は，次のとおりとする。　（第1項。第2項～第5項　略）

<table>
<tr><th></th><th>債権の区分</th><th colspan="3">責　任　の　限　度　額</th></tr>
<tr><td rowspan="6">(1)</td><td rowspan="6">物の損害に関する債権のみである場合（第1項第1号）</td><td colspan="2">100トン*未満の木船</td><td>1単位の507,360倍の金額</td></tr>
<tr><td colspan="2">(イ)　2,000トン以下の船舶</td><td>1単位の151万倍の金額</td></tr>
<tr><td rowspan="4">(ロ)　2,000トンを超える船舶</td><td>①　2,000トンまでの部分</td><td>上記(イ)の金額</td></tr>
<tr><td>②　2,000トンを超え3万トンまでの部分</td><td>1トンにつき1単位の604倍の金額</td></tr>
<tr><td>③　3万トンを超え7万トンまでの部分</td><td>1トンにつき1単位の453倍の金額</td></tr>
<tr><td>④　7万トンを超える部分</td><td>1トンにつき1単位の302倍の金額</td></tr>
<tr><td rowspan="5">(2)</td><td rowspan="5">その他の場合（第1項第2号）</td><td colspan="2">(イ)　2,000トン以下の船舶</td><td>1単位の453万倍の金額</td></tr>
<tr><td rowspan="4">(ロ)　2,000トンを超える船舶</td><td>①　2,000トンまでの部分</td><td>上記(イ)の金額</td></tr>
<tr><td>②　2,000トンを超え3万トンまでの部分</td><td>1トンにつき1単位の1,812倍の金額</td></tr>
<tr><td>③　3万トンを超え7万トンまでの部分</td><td>1トンにつき1単位の1,359倍の金額</td></tr>
<tr><td>④　7万トンを超える部分</td><td>1トンにつき1単位の906倍の金額</td></tr>
</table>

* 船舶のトン数の算定は，船舶のトン数の測度に関する法律第4条（国際総トン数）第2項の規定の例により算定した数値にトンを付して表したものとする。（第8条）

練習問題

問 船舶の所有者等の責任の制限に関する法律の趣旨を述べよ。（三級）

〔**ヒント**〕 §11-41

問 船舶所有者等は，運送品や旅客の運送の遅延による損害に基づく債権について，その責任を制限することができるか。また，その債権が船舶所有者等の故意によって生じた損害に関するものであるときは，どうか。（三級）

〔**ヒント**〕 (1) 責任を制限することができる。
(2) 責任を制限することができない。（§11-42）

問 船舶の所有者等の責任の制限に関する法律は，責任の限度額についてどのように定めているか。物の損害に関する債権のみである場合について述べよ。（三級）

〔**ヒント**〕 §11-43(3)

船舶油濁等損害賠償保障法

§11-51　目　的（第1条）

船舶油濁等損害賠償保障法は，船舶油濁等損害が生じた場合における船舶所有者等の責任を明確にし，及び船舶油濁等損害の賠償等を保障する制度を確立することにより，被害者の保護を図り，あわせて海上輸送の健全な発達に資することを目的としている。

〔注〕 **用語の定義**（抄）（第2条）

1. 「燃料油等」とは，燃料油，潤滑油その他の船舶の航行のために用いられる油で政令で定めるものをいう。
2. 「難破物」とは，海難により生じた次のいずれかに該当するものをいう。
   (イ) 沈没し，若しくは乗り揚げた船舶又はその一部
   (ロ) 海上において船舶から失われた物で，沈没し，乗り揚げ，又は漂流しているもの
   (ハ) 沈没又は乗揚げのおそれがある船舶（必要な救助が行われていないものに限る。）
3. 「タンカー」とは，ばら積みの原油等の海上輸送のための船舟類をいう。
4. 「一般船舶」とは，旅客又はばら積みの原油等以外の貨物その他の物品の海上輸送のための船舟類（ろかい又は主としてろかいをもって運転するものを除く。）をいう。
5. 「タンカー油濁損害」とは，次に掲げる損害又は費用をいう。
   (イ) タンカーから流出し，又は排出された原油等による汚染により生ずる責任条約の締約国の領域（領海を含む。）内又は排他的経済水域等の水域内における損害
   (ロ) (イ)に掲げる損害の原因となる事実が生じた後にその損害を防止し，又は軽減するために執られる相当の措置に要する費用及びその措置により生ずる損害
6. 「一般船舶等油濁損害」とは，次に掲げる損害又は費用をいい，タンカー油濁損害に該当するものを除く。
   (イ) タンカー又は一般船舶から流出し，又は排出された燃料油等による汚染により生ずる我が国の領域内又は排他的経済水域内における損害

★ 船舶油濁等損害賠償保障法（手続規定を除く。）は，第11編の試験細目に示すとおり，三級以下では三級のみに口述が課せられる。

(ロ)　タンカー又は一般船舶から流出し，又は排出された燃料油等による汚染により生ずる燃料油条約の締約国である外国の領域等の水域内における損害

(ハ)　(イ)又は(ロ)に掲げる損害の原因となる事実が生じた後にその損害を防止し，又は軽減するために執られる相当の措置に要する費用及びその措置により生ずる損害

7. 「難破物除去損害」とは，我が国の領域内若しくは排他的経済水域内又は難破物除去条約の締約国である外国であって同条約の規定により通告を行ったものの領域等の水域内における次に掲げる措置に要する費用の負担により生ずる損害をいい，タンカー油濁損害又は一般船舶等油濁損害に該当するものを除く。

(イ)　難破物の位置の特定

(ロ)　港湾法その他法令の規定又は難破物除去条約の規定による決定により難破物の除去その他の措置が必要となった場合における当該難破物の標示

(ハ)　(ロ)の場合における当該難破物の除去その他の措置

8. 「1単位」とは，国際通貨基金協定第3条第1項に規定する特別引出権（SDR）による1特別引出権に相当する金額をいう。（日本円では，§11-36(1) 1.に示す金額である。）

「責任条約」「燃料油条約」「難破物除去条約」についても，法第2条で定められている。

§11-52　タンカー油濁損害賠償責任（第3条）

タンカー油濁損害が生じたときは，当該損害に係るタンカーのタンカー所有者は，その損害を賠償しなければならない。

ただし，タンカー油濁損害が次のいずれかに該当するときは，この限りでない。

1.　戦争，内乱又は暴動により生じたこと。
2.　異常な天災地変により生じたこと。
3.　タンカー所有者及びその使用者以外の者の悪意により生じたこと。
4.　国又は公共団体の航路標識又は交通整理のための信号施設の管理の瑕（か）疵（し）により生じたこと。

（第1項。第2項～第5項　略）

§11-53　タンカー油濁損害賠償責任の制限等（第5条，第6条）

（1）　タンカー所有者の責任の制限（第5条）

タンカー油濁損害の賠償の責任を有するタンカー所有者は，その油濁損

害に基づく債権について，本法に定めるところにより，その責任を制限することができる。

ただし，タンカー油濁損害が自己の故意により，又は損害の発生のおそれがあることを認識しながらした自己の無謀な行為により生じたものであるときは，この限りでない。

（2）　責任限度額（第 6 条）

タンカー所有者が，その責任を制限することができる場合における責任の限度額（責任限度額）は，タンカーのトン数に応じて，次に定めるところにより算出した金額とする。

タンカーのトン数の区分		責任限度額
⑴　5,000トン*以下のタンカー		1 単位の451万倍の金額
⑵　5,000トンを超えるタンカー	5,000トンまでの部分	上記の金額
	5,000トンを超える部分	1 トンにつき 1 単位の631倍を乗じて得た金額（その金額が 1 単位の8,977万倍の金額を超えるときは，同金額）

*　タンカーのトン数の算定は，船舶のトン数の測度に関する法律第 4 条（国際総トン数）第 2 項の規定の例により算定した数値にトンを付して表したもの（以下「総トン数」という。）とする。（第 7 条）

§11-54　タンカー油濁損害賠償保障契約の締結強制等（第13条，第20条）

日本国籍を有するタンカーは，①タンカー油濁損害賠償保障契約が締結されており，かつ，②その保障契約証明書が船内に備え置かれているものでなければ，2,000トンを超えるばら積みの油の輸送の用に供してはならない。

（第13条第 1 項，第20条第 1 項）

§11-55　特定油量の報告（第28条）

（1）　特定油（政令（令第 3 条）で定める原油，重油で本邦内で荷揚げされるもの。）を，前年中に船舶から合計15万トンを超えて受け取った油受取人は，毎年，その受取量を国土交通大臣に報告しなければならない。　（第 1 項）

（2）　前年中に，「油受取人の事業活動を支配する者」（令第 4 条）があった場合において，当該油受取人のタンカーから受け取った特定油の合計量が15万トンを超えるときは，当該支配する者は，毎年，油受取人ごとにその受取量を国土交通大臣に報告しなければならない。この場合において，その報告に係る油受取人については，前項(1)の規定は適用しない。

（第2項。第3項 略）

§11-56 国際基金に対する拠出（第30条）

前記（§11-55）の(1)又は(2)の規定によりその受取量を報告すべき特定油に係る油受取人は，国際基金条約第12条及び第13条の規定により，同条約第10条の年次拠出金を国際基金に納付しなければならない。

§11-57 一般船舶等油濁損害賠償責任（第39条）

一般船舶等油濁損害が生じたときは，当該損害に係る燃料油等が積載されていたタンカー又は一般船舶の船舶所有者等は，連帯してその損害を賠償しなければならない。ただし，当該一般船舶等油濁損害が§11-52の1.～4.のいずれかに該当するときは，この限りでない。（第1項）

§11-58 一般船舶等油濁損害賠償保障契約の締結強制等（第41条，第45条）

(1) 日本国籍を有するタンカー又は一般船舶（いずれも総トン数が1000トンを超え，航行に際し燃料油等を用いるもの）は，①一般船舶等油濁損害賠償保障契約が締結されており，かつ，②その保障契約証明書が船内に備え置かれているものでなければ，全ての航海に従事させてはならない。

(2) 日本国籍を有する一般船舶（総トン数が100トン以上1000トン以下のもので，航行に際し燃料油等を用いるもの）は，①一般船舶等油濁損害賠償保障契約が締結されており，かつ，②その保障契約証明書が船内に備え置かれているものでなければ，国際航海に従事させてはならない。

（第41条第1項，第45条第1項）

§11-59 難破物除去損害賠償責任（第47条）

難破物除去損害が生じたときは，当該損害に係るタンカー又は一般船舶の船舶所有者は，その損害を賠償しなければならない。ただし，当該難破物除去損害が§11-52の1.～4.のいずれかに該当するときは，この限りでない。

（第1項）

§11-60　難破物除去損害賠償保障契約の締結強制等（第49条，第53条）

（1）　日本国籍を有する総トン数が300トン以上のタンカー又は一般船舶は，①難破物除去損害賠償保障契約が締結されており，かつ，②その保障契約証明書が船内に備え置かれているものでなければ，全ての航海に従事させてはならない。

（2）　日本国籍を有する総トン数が100トン以上300トン未満の一般船舶は，①難破物除去損害賠償保障契約が締結されており，かつ，②その保障契約証明書が船内に備え置かれているものでなければ，国際航海に従事させてはならない。　（第49条第1項，第53条第1項）

§11-61　保障契約情報の通報（第58条）

本邦以外の地域の港から本邦内の港に入港をしようとする総トン数が300トン以上のタンカー又は総トン数が100トン以上の一般船舶の船長は，荒天，遭難その他の一定の場合を除き，国土交通省令で定めるところにより，あらかじめ，船舶の名称，船籍港，タンカー油濁損害賠償保障契約，一般船舶等油濁損害賠償保障契約又は難破物除去損害賠償保障契約の締結の有無その他の保障契約情報を国土交通大臣に通報しなければならない。通報した保障契約情報を変更しようとするときも，同様に通報しなければならない。　（第1項）

〔**注**〕　船舶油濁損害賠償保障法は，被害者への賠償が確実に実施されるよう，国際条約を国内法制化し，令和元年5月に改正された。沈没船等の難破物の除去損害も対象となり，名称も「船舶油濁等損害賠償保障法」に改められている。本書は改正条文に沿った内容としたが，改正法の完全施行は令和2年10月1日（予定）である。

練習問題

問 タンカー所有者が，タンカー油濁損害の賠償を免責されるのは，どのような場合か。（三級）

〔**ヒント**〕 §11-52

問 日本国籍を有するタンカーは，タンカー油濁損害賠償保障契約を締結していない場合には，原油等の輸送についてどんな制限を受けるか。（三級）

〔**ヒント**〕 §11-54(1)

問 日本国籍を有する船舶を航海に従事させるに当たり，一般船舶等油濁損害賠償保障契約を締結しなければならないのは，どのような船舶か。（三級）

〔**ヒント**〕 §11-58(1)

問 日本国籍を有する船舶を航海に従事させるに当たり，難破物除去損害賠償保障契約を締結しなければならないのは，どのような船舶か。（三級）

〔**ヒント**〕 §11-60(1)

第12編　国際公法

海上における人命の安全のための国際条約（SOLAS条約）

§12-1　条約の締結経緯及び目的

（1）　締結経緯

この条約は，1912年（明治45年）に発生したタイタニック号沈没事故を契機として採択されたものに端を発する。航海の安全を図るため，船舶の構造，設備，救命設備，貨物の積み付けに関する安全措置等の技術基準や，船舶の検査，証書の発給などの規定が設けられており，海事関係の基本的な条約といえる。

現在の条約は，1974年（昭和49年）国際海事機関（IMO）（当時はIMCO）の国際会議において採択されたもの（1974年SOLAS条約）で，1981年（昭和56年）に発効した。わが国では，この条約を昭和55年５月に条約第16号として制定し，「船舶安全法」などの関係法令にその内容を取り入れている。

その後，安全基準の強化要請や船舶の技術革新の進展に対応して，1978年の議定書及び1988年の議定書が採択され，それぞれ1981年（昭和56年）及び2000年（平成12年）に発効した。

【試験細目】

三級	①　SOLAS条約（概要） ②　STCW条約（概要） ③　国際保健規則（概要） ④　船舶による汚染の防止のための国際条約（概要） ⑤　国際海上危険物規程（概要）	口述のみ
四級，五級，当直三級	①　SOLAS条約（概要） ②　STCW条約（概要） ③　船舶による汚染の防止のための国際条約（概要）	口述のみ
六級	なし	——

最近では，2002年（平成14年）に国際テロの阻止を目的として，船舶及び港湾施設の設備や保安体制の強化のための改正が行われ，2004年（平成16年）7月に発効している。

〔注〕 IMOにおいては，人命の安全のための種々の審議が進められており，今後とも条約改正が予定されている。

（2） 目 的

この条約は，締約国政府が合意により画一的な原則及び規則を設定することによって，海上における人命の安全を増進することを目的としている。

§12-2 条約の概要

SOLAS条約の構成は，次のとおりである。

（1） 条約本文

（2） 附属書

第Ⅰ章 一般規定

第Ⅱ-1章 構造（構造，区画及び復原性並びに機関及び電気設備）

第Ⅱ-2章 構造（防火並びに火災探知及び消火）

第Ⅲ章 救命設備

第Ⅳ章 無線通信

第Ⅴ章 航行の安全

「適用」「定義」「免除及び免除に相当するもの」「航行警報」「気象業務及び警報」「氷の監視の業務」「捜索救助業務」「救命信号」「水路業務」「船舶の航路指定」「船位通報制度」「船舶交通業務」「航行援助施設の設置及び運用」「船舶の船員の配乗」「船橋の設計，航行装置及び航行設備の設計及び配置並びに船橋作業手順に関連する原則」「設備の維持」「電磁両立性」「航行装置及び航行設備並びに航海データ記録装置の承認，検査並びに性能に係る規準」「船舶に備える航行装置及び航行設備の積載要件」「長距離レンジによる船舶の識別及び追跡」「航海データ記録装置」「国際信号書及び国際航空機船舶捜索救助（IAMSAR）便覧」「航海船橋の視界」「水先人の乗下船用の設備」「船首方位又は航路を制御する装置の使用」「主電源及び操舵（だ）装置の作動」「操舵装置（試験及び操練）」「海図及び航海用刊行物」「航行上の活動の記録及び毎日の報告」「船舶，航空機又は遭難者が用いる救命信号」

「航行の制限」「危険通報」「危険通報に必要な情報」「遭難（義務及び措置）」「安全な航行及び危険な状況の回避」「船長の裁量」「遭難信号の濫用」「北大西洋における氷の監視機関の管理，運用及び資金調達に関する規則」

第Ⅵ章　貨物及び燃料油の運送

第Ⅶ章　危険物の運送

第Ⅷ章　原子力船

第Ⅸ章　船舶の安全運航の管理

第Ⅹ章　高速船の安全措置

第XI-1章　海上の安全性を高めるための特別措置

第XI-2章　海上の保安を高めるための特別措置

第XII章　ばら積み貨物船のための追加的安全措置

第XIII章　遵守の確認

第XIV章　極水域において航行する船舶の安全措置

練　習　問　題

問 SOLAS条約の内容は，国内法ではどんな法令に定められているか。

（五級，四級，当直三級，三級）

〔**ヒント**〕 §12-1（1）

問 国際条約で，船舶の構造や救命設備などについて規定しているのは，どんな条約か。

（三級）

〔**ヒント**〕 SOLAS条約

問 SOLAS条約の目的を述べよ。　（五級，四級，当直三級，三級）

〔**ヒント**〕 §12-1（2）

問 SOLAS条約は，附属書第Ⅴ章「航行の安全」において，どんなことについて定めているか，簡単に述べよ。　（三級）

〔**ヒント**〕 §12－2（2）

船員の訓練及び資格証明並びに当直の基準に関する国際条約（STCW条約）

§12-11 条約の締結経緯及び目的

（1） 締結経緯

この条約（STCW条約）は，1967年（昭和42年）英仏海峡で発生した大型タンカーの座礁による大規模な海洋汚染事故が契機となって，そのような事故を防止するため，船員の資質の向上についての国際的な要請が高まり，1978年（昭和53年）IMOの国際会議において採択されたもので，1984年（昭和59年）4月に発効した。

その後小改正が行われたが，IMOは，1993年から2年間，大型海難の続発は船体構造・設備面での問題よりも，人的要因による面が大きいことに留意し，船員の実技能力の維持，海技免状の厳正な発給など全面的な見直し作業を進めて大改正を行い，1995年7月「1995年改正」として採択し，同改正は1997年2月から発効した。

わが国は，この条約を昭和58年5月に条約第9号として制定している。国内法としては，船員法，船舶職員及び小型船舶操縦者法などの関係法令に取り入れ，昭和58年4月から施行しており，条約の改正の都度，関係法令の改正を行っている。

（2） 目 的

この条約は，船員の訓練及び資格証明並びに当直の基準に関する国際基準を設定することにより，海上における人命及び財産の安全を増進すること，並びに海洋環境の保護を促進することを目的としている。

§12-12 条約の概要

STCW条約の構成は，次のとおりである。

（1） 条約本文

（2） 附属書（1995年改正）

★ STCW条約（概要）は，第12編の試験細目に示すとおり，三級，四級，五級及び当直三級に口述が課せられる。

第１章　一般規定
第２章　船長及び甲板部
第３章　機関部
第４章　無線通信及び無線通信要員
第５章　特定の種類の船舶の乗組員に対する特別な訓練の要件
第６章　非常事態，職業上の安全，医療及び生存に関する職務細目
第７章　選択的資格証明
第８章　当直

練　習　問　題

問 STCW条約が締結された経緯を述べよ。（三級）

〔**ヒント**〕 §12-11（１）

問 STCW条約の目的を述べよ。（五級，四級，当直三級，三級）

〔**ヒント**〕 §12-11（２）

問 国際条約で，甲板部の当直を担当する職員の資格証明のための最小限の要件を定めているのは，何という条約か。（四級，当直三級，三級）

〔**ヒント**〕 STCW条約

問 国際条約で，救命艇及び救命いかだに関する技能証明書の発給のための最小限の要件を定めているのは何という条約か。（当直三級，三級）

〔**ヒント**〕 STCW条約

問 STCW条約の内容は，国内法ではどんな法令に定められているか。（四級，三級）

〔**ヒント**〕 §12-11（１）

問 国際条約で，当直体制及び遵守すべき原則を定めているのは，何という条約か。（五級，四級，三級）

〔**ヒント**〕 STCW条約

国際保健規則

§12-21 規則の制定経緯及び目的

（1） 制定経緯

国際保健規則（IHR）は世界保健機関（WHO）憲章第21条に基づく国際規則である。1951年に国際衛生規則（ISR）として制定された後，1969年に国際保健規則と改名され，その後の改正を経て，現在は2005年規則が施行されている。

この規則は同憲章第22条により，わが国についても全面的に効力を有するもので，国内法としては，検疫法などの関係法令にその内容を取り入れている。

（2） 目 的

この規則は，国際交通及び取引に対する不要な阻害を回避し，公衆の保健上の危険に応じた制限的な仕方で，疾病の国際的拡大を防止し，防護し，管理し，及びそのための公衆保健対策を提供することを目的としている。

§12-22 規則の概要

この規則は，第1編(定義，目的等)～第10編(最終規定)，及び附録第1～第9において，その内容を詳しく定めている。

なお，2005年規則発効前は，黄熱，コレラ及びペストの3疾患を対象としていたが，昨今の新興・再興感染症による健康危機に対応できていないことなどから，鳥インフルエンザやデング熱等の感染症が大幅に追加されている。

★ 国際保健規則（概要）は，第12編の試験細目に示すとおり，三級以下では三級のみに口述が課せられる。

練　習　問　題

問 国際保健規則の目的を述べよ。（三級）

〔**ヒント**〕 §12-21(2)

問 検疫法と最も関係のある国際規則は何か。（三級）

〔**ヒント**〕 国際保健規則

船舶による汚染の防止のための国際条約（MARPOL条約）
（海洋汚染防止条約）

§12-31　条約の締結経緯及び目的

（1）　締結経緯

この条約は，1954年（昭和29年）ロンドンにおける国際会議で採択された「油による海水汚濁の防止のための国際条約（OILPOL条約）」に始まり，これにより船舶から排出される油による海洋汚染防止については一定の国際的規制が行われてきた。しかしその後，タンカーの大型化，タンカーの大規模油流出事故の発生，油以外の有害物質の海上輸送の増加，沿岸国の海洋環境保護に関する関心の高まり等を背景として，1973年（昭和48年）に開催された国際会議において，「1973年の船舶による汚染の防止のための国際条約」が採択された。1978年（昭和53年）には，まだ効力の発生に至っていない同条約の早期実施を促進すると共に，規制内容を強化するため，これに所要の修正及び追加を行った「1973年条約に関する1978年の議定書（73/78MARPOL条約）」が採択され，1973年条約に取って変わられている。

わが国では，73/78MARPOL条約を昭和58年６月に条約第３号として制定し，「海洋汚染等及び海上災害の防止に関する法律」などの関係法令にその内容を取り入れている。

73/78MARPOL条約は，1983年（昭和58年）10月に発効要件を満たしていない一部を除き発効し，その後未発効のものも逐次発効している。最近では2005年（平成17年）５月に，附属書Ⅵ（大気汚染の防止）が発効した。

（2）　目　的

この条約は，船舶による油その他の有害物質による意図的な海洋環境の汚染を完全に無くすること及び事故による油その他の有害物質の排出を最小にすることを目的としている。

★　船舶による汚染の防止のための国際条約（概要）は，第12編の試験細目に示すとおり，三級，四級，五級及び当直三級に口述が課せられる。

§12-32　条約の概要

この条約の構成は，次のとおりである。

（1）　条約本文

（2）　附属書

⑴　**附属書Ⅰ**　油による汚染の防止のための規則

⑵　**附属書Ⅱ**　ばら積みの有害液体物質による汚染の規制のための規則

⑶　**附属書Ⅲ**　容器に収納した状態で海上において運送される有害物質による汚染の防止のための規則

⑷　**附属書Ⅳ**　船舶からの汚水による汚染の防止のための規則

⑸　**附属書Ⅴ**　船舶からの廃物による汚染の防止のための規則

⑹　**附属書Ⅵ**　船舶による大気汚染の防止のための規則

練　習　問　題

問 船舶による汚染の防止のための国際条約（海洋汚染防止条約）が締結された経緯を述べよ。　（三級）

〔**ヒント**〕 §12-31（1）

問 海洋汚染防止条約の目的を述べよ。　（五級，四級，当直三級）

〔**ヒント**〕 §12-31（2）

問 海洋汚染防止条約の附属書Ⅰは，どんなことについて規定しているか，海事六法により簡単に述べよ。　（三級）

〔**ヒント**〕 §12-32（2）

問 海洋汚染防止条約の内容は，国内法ではどんな法令に定められているか。　（五級，四級，当直三級）

〔**ヒント**〕 §12-31（1）

国際海上危険物規程

§12-41 規程の制定経緯及び目的

（1） 制定経緯

近年の化学工業の発達は目覚しく，製造される化学物質は数万種類ともいわれ，そのなかには危険な性状を有するものがかなり含まれている。それらの危険物が運送される場合には，人命及び運送機器の安全を確保する見地から，更には国際間の運送が多いことにかんがみ，国際的に統一された運送上の安全基準を定めることが重要な課題であった。

国際海上危険物規程（IMDGコード（International Maritime Dangerous Goods Code））は，SOLAS条約の第Ⅶ章に定める危険物の海上運送の要件に関する基本原則に基づき，かつ，危険物の陸海空における国際運送の円滑化のため危険物の海上運送も国際的統一を図るため，1965年（昭和40年）にIMOの委員会において，一部のクラスを除いて作成され，1971年にはすべてのクラスについて作成されたものである。

この規程は，国連勧告との整合性を図るため，技術的進歩に対応するため等の理由により，ほぼ毎年１回の割合で改訂が加えられている。

国内法令としては，危険物船舶運送及び貯蔵規則（国土交通省令）があり，又，告示として，「船舶による危険物の運送基準等を定める告示」，「船舶による放射性物質等の運送基準の細目等を定める告示」などがある。これらは，IMDGコードの国際統一基準をほぼ全面的に取り入れている。

（2） 目 的

この規程は，SOLAS条約第Ⅶ章の危険物の海上運送に関する基本原則に基づいて個品（容器に入れ包装されたもの）運送される危険物の容器，包装，標札，積載方法，隔離等の具体的詳細な運送基準を定めることを目的としている。

★ 国際海上危険物規程（概要）は，第12編の試験細目に示すとおり，三級以下では三級のみに口述が課せられる

§12-42　規程の概要

IMDGコードの内容の概要については，海事六法などを参照されたい。なお，同コードに掲げる危険物の分類は，次のとおりである。

クラス１　火薬類
クラス２　高圧ガス
クラス３　引火性液体類
クラス４　可燃性物質類
クラス５　酸化性物質類
クラス６　毒物類
クラス７　放射性物質
クラス８　腐しょく性物質
クラス９　有害性物質

練　習　問　題

問 国際海上危険物規程の目的を述べよ。（三級）

〔**ヒント**〕 §12-41（２）

問 国際海上危険物規程の概要を簡単に述べよ。（三級）

〔**ヒント**〕 §12-42（海事六法参照）

問 国際海上危険物規程の内容を取り入れている国土交通省令は，何という規則か。（三級）

〔**ヒント**〕 危険物船舶運送及び貯蔵規則　（§12-41（１））

問 IMDGコードの制定の経緯を簡単に述べよ。（三級）

〔**ヒント**〕 §12-41（１）

国際海上固体ばら積み貨物規則

§12-51　規程の制定経緯及び目的

（1）　制定経緯

固体ばら積み貨物の海上運送については，不適切な積載方法による復原性の減少や喪失，船体の損傷，貨物の化学反応による事故の発生等，従来よりその危険性が国際的に認識されていた。1965年，IMOは，固体ばら積み貨物の積載方法や運送方法を定めた「ばら積み貨物の安全実施規則（BCコード）」を制定し，その後数回の改訂を行ってきたが，1980年代後半よりばら積み貨物船の事故が多発したことから，2008年，BCコードを改正して「国際海上固体ばら積み貨物規則（IMSBCコード）」とするとともに，非強制の勧告であった同コードを強制化することを決定した。IMSBCコードは2011年1月1日に発効したが，常に最新の状態を維持するため2年ごとに改正され，奇数年の1月1日に発効することが合意されている。国内的には「特殊貨物船舶運送規則」及び「危険物船舶運送及び貯蔵規則」にその内容を取り入れている。

（2）　目　的

この規則は，ある特定の固体ばら積み貨物の輸送に伴う危険性に関する情報を提供すること及び固体ばら積み貨物を輸送しようとする際にとるべき手順の指示を規定することによって，固体ばら積み貨物の積載と輸送の安全を推進することを主な目的としている。

§12-52　規則の概要

IMSBCコードでは，個々の貨物の運送に適用する個別スケジュールと呼ばれる要件を規定している。穀類を除く全ての固体ばら積み貨物は，それらに従った積み付けを行わなければならず，同コードに未掲載の貨物に対する取扱いについても定めている。さらに荷送人に対し，貨物の特性や性質等の詳細な運送要件を船長に提出することを義務付けている。詳細については海事六法等を参照されたい。

練　習　問　題

問 固体ばら積み貨物の海上運送において適用される国際規則は何か。（三級）

〔**ヒント**〕 §12-51（1）

問 国際海上固体ばら積み貨物規則の内容を取り入れている国土交通省令は，何という規則か。（三級）

〔**ヒント**〕 §12-51（1）

問 国際海上固体ばら積み貨物規則の概要を簡単に述べよ。（三級）

〔**ヒント**〕 §12-52

著 者 略 歴

福井　淡（原著者）
45年神戸高等商船学校航海科卒，東京商船大学海務学院甲類卒
45年運輸省航海訓練所練習船教官，海軍少尉，助教授，甲種船長（一級）免許受有。58年海技大学校へ出向，助教授，同練習船海技丸船長，教授，海技大学校長
85年海技大学校奨学財団理事，大阪湾水先区水先人会顧問，海事補佐人業務など
～2014年

淺木健司（改訂者）
83年神戸商船大学航海学科卒，96年同大学院商船学研究科修士課程修了，2001年同博士後期課程修了
博士（商船学）学位取得
84年海技大学校助手，86年運輸省航海訓練所練習船教官，海技大学校講師，同助教授
現在：海技大学校教授

ISBN 978－4－303－23759－2

基本海事法規

昭和42年６月20日　初版発行
昭和53年３月３日　新訂初版発行（通算12版）
令和２年４月30日　新訂13版発行（通算24版）

原著者　福井　淡
改訂者　淺木健司
発行者　岡田雄希
発行所　海文堂出版株式会社
本　社　東京都文京区水道２丁目５番４号（〒112-0005）
電話 03（3815）3291（代）　FAX 03（3815）3953
http://www.kaibundo.jp/
支　社　神戸市中央区元町通3丁目5番10号（〒650-0022）

日本書籍出版協会会員・工学書協会会員・自然科学書協会会員

PRINTED IN JAPAN　　印刷　ディグ／製本　ブロケード